U0078257

養成專業培訓師

熟練掌握教學技巧與現代培訓策略

樓劍 著

從自我測評開始，開發潛能
系統化的培訓流程，助力企業提升競爭力
掌握觀察、聆聽、提問與控場技巧

解鎖溝通的祕訣，點燃思想的火花
讓內訓師成為企業培訓的主力

目 錄

推薦序　學習忘我，應用無他

2013 年 12 月，第一次和樓劍老師相遇，是在我主講的「國際通用標準課程開發教程」的課堂中。低調、務實，這是當時樓劍給人的感覺。一轉眼，物換星移，今年 5 月，樓劍發訊息給我，說寫了一本關於 TTT 方面的書，想請我這個 TTT 的「老兵」寫個序，我欣然接受。

在 TTT 領域傳道、授業、解惑二十餘年，看到年輕人在這方面的耕耘和收穫，我還是很高興的。

第一時間拿到了樓劍的書稿，看得出作者是用了心的，樓劍採用小說的形式來進行內容的呈現，是想把大道理講得通俗化，通俗化後再講得生動化，所以這本書有情節、有場景、有對話，有模型、有工具、有圖表，有案例、有故事，在輕鬆中實現學習和成長。

本書通篇展現務實性和可借鑑性。作者透過虛擬企業的模擬情景，環環相扣，運用實際工作的問題，引導培訓實踐的展開，匯入培訓實務操作，靈活嵌入培訓理論以及講授技術和課程開發方法，充分展現作者博採眾長、取長補短、注重實效、融會貫通。

人物的對話和模擬場景中的話語，可成為讀者實際工作中的範本。表格及測試，讀者不妨也動手做一做，也許有不同收穫。

看完書稿，我覺得可以用「首善、樂從和分享」6 個字來概括我對這本書的感受。

首善。首善就是準備加改善。一開始就要做好準備。如果一開始沒有做好準備就要及時改善，因為這一刻的改善對下一刻來說就是首善。所以如書稿中許靜的自我測評、內容上的準備、心態素養上的準備、設備上的準備等都是在做首善，都是為了確保內訓師在臺上的職業「裝」。所謂方向比方法重要，準備比資歷重要。當企業員工選擇成為一名內訓師的時候，就意味著他選擇了讓自己能力快速成長、在公司曝光率增大的大方向。大方向對了，再透過不斷的努力，量變達到質變，就會取得成績。

樂從。沒有不好，只有不同。成年人學習尤其要注意這一點，心中不預設標準答案。全面接納學員的不同觀點和不同狀態，實現對接。書中的聆聽、觀察、回饋技巧等都是教會內訓師如何以學員為主體和學員實行有效互動。只有開放接納，才是做一個好老師的基礎。因為開放所以接納，有了接納更加開放。

分享。老師要善於和樂於分享。同時還要講清楚，聽明白，記得住，還能做得到。這對於老師授課的結構和形式就有一定的要求了。書中的暖場破冰技巧、開場收尾方法、課堂訓練形式、生動形象化表達、五星教學法等內容，都在強

調老師在分享中，既要有內容的組織和呈現，同時還用眾多形式輔助學員更容易理解課程內容。

會道者一縷藕絲牽大象，盲修者千斤鐵錘砸蒼蠅。

任何一項工作要做好，都有方法路徑，做內訓師也是如此。

成為一名專業的內訓師，這本書可以為你指點一些迷津。

劉子熙

自序　讓內訓師成為企業培訓的主力

隨著企業組織的不斷發展和壯大，人才培養和發展日益受到企業的關注和重視，而人才短缺和能力弱點也將制約組織的擴大和進步。一般來說，企業獲得人才有兩種方式：一是請進來，二是養起來。所謂「請進來」，就是透過應徵、獵人頭等方式找到合適的、勝任該職位能力的成熟職業人士加入公司，這樣可以減輕企業人才培養的壓力，拿來即用。但很多時候企業所要支付的成本相對本企業員工要高，同時「空降部隊」也多存在水土不服。第二種「養起來」，就是透過企業自主培養，打造出符合企業要求的、能夠勝任職位工作的合格人才。只是這種做法時間相對較長，同時對企業人力資源部門的專業度要求較高。

但不管怎麼說，我們還是非常欣喜地看到很多企業，特別是一些中小企業，都在積極努力地嘗試自我培養人才，自我造血。他們在協調各方資源，組建一支企業的內訓師隊伍，讓內訓師在企業內做經驗、智慧的傳承和沉澱，這是一種非常明智的選擇和決定。這也是為什麼近兩年雖然經濟進入新常態，成長乏力，但像 TTT 這類內訓師培養課程，卻需求不斷的原因。因為大家越來越清楚，未來企業打拚的核心競爭力還是要靠人才和實力。

我這兩年走訪了很多企業講授內訓師培養的課程，發現

很多企業已經有了內訓師隊伍，且制度、流程、課程體系等都初具規模，這些基礎工作都做得不錯了。但內訓師的授課卻差強人意，無法取得預期的效果。深究下去，不外乎以下的這些原因：如 PPT 課程是 Word 搬家，上面都是字，老師照本宣科；老師一味單向講解，缺乏互動和引導；課程資訊量過大，枯燥乏味等等。這些都會影響學員聽課的感官，進而影響課程的整體效果。

很多企業內訓師工作時間特別長，在企業內部或做管理或做專家，有經驗有智慧。就是因為沒有掌握老師授課的一些技巧和方法，缺乏梳理課程，呈現課程的思路，導致課程效果不佳，是非常可惜的。而這也是我寫這本書的出發點。希望自己的一些感悟能夠透過文字的形式讓更多的內訓師看到，幫助他們從心態、知識和技能三方面去修練自己，完成自身在課堂上的完美蛻變。

總體來說，本書共有四個特點，分別是可讀性、生動性、實作性和完整性。

1. 可讀性

現在資訊爆炸，我們每時每刻都被海量資訊包圍。學習變得簡單，同時也變得複雜。簡單是因為資訊量大，隨便一抓就可以學，複雜是因為資訊量太大了，你要找到好的、合適的資訊就要花費時間。因此，本書的創作，從成人閱讀的習慣入手，把情節設計成小說的形式，設定師傅帶徒弟的兩

個角色，讓讀者跟著情節深入，和徒弟一起成長。讓閱讀變得輕鬆，有代入感。

2. 生動性

盡量避免生澀難懂的專業術語的出現，而用通俗易懂的方式來進行呈現。每一個知識點的講解，都會配合大量實例故事來進行解釋說明，幫助讀者更容易理解和掌握知識點。

3. 實作性

書中的內容均是經過實踐驗證的，與實際授課和工作是相關的。讀者看完之後，可以較容易地進行知識遷移，用於自身的企業授課分享，幫助提升課程滿意度。

4. 完整性

書中幾乎涵蓋了內訓師能力成長的幾大模組。從自我測評入手、做足授課前的準備、破冰暖場、課程開場、課程收尾、課程中間內容的組織、課程控場、應答技巧、課程引導互動形式等。一冊在手，反覆閱讀和學習，使技能提升更全面。

明代大儒王陽明先生告誡我們要「知行合一」，希望廣大讀者看了書不僅「知」，更要去「行」，只有兩者合一，才能做到「善」。

樓劍

引言　故事背景及人物

得峰集團是一家香港的零售上市公司，旗下有購物中心、傳統百貨、大型超市等多種業態，員工 2 萬餘人。集團從 2008 年開始人才培訓體系建設工作，至今已有 7 年了。經過不斷的摸索和運作，集團的培訓工作已初見成效，基層、中層、高層各層級員工的培訓均已細分，並完整循環了 3 年以上。

基層和部分中層主要以內訓師安排集訓營自我訓練為主，資深中層和高層則安排外部院校和機構合作，「送出去＋請進來」的方式以專案制展開培訓，為集團源源不斷輸送備份關鍵人才。企業課程體系也按照業態進行劃分，細分為管理類、技能類、通用類等序列，每年更新和完善課程，確保知識和技能的新鮮。培訓管理制度也在不斷優化中越來越透明，越來越人性化。這些成績的取得也讓集團總部培訓經理王振（男，32 歲）很欣慰，到集團 6 年，剛開始他還只是個實習生，是和零售學院一步一步成長起來的。當然這也和得峰集團總部人力資源總監林濤（男，39 歲）的鼎力支持和幫助是分不開的。

零售學院總共有 4 名員工，由於集團培訓眾多，大家普遍處於較大壓力中，林總看到這個現象，從集團人力資源部其他部門安排了一個職位編制過來，這次大規模應徵結束之

後，一位研究所畢業的許靜（女，26歲）加入培訓部門，輔助林濤進行內訓師的管理。許靜畢業工作1年多時間，前一個工作是一家全國性的諮商培訓管理顧問公司，她在裡面做的是課程助理的角色，主要是協助講師授課，並作好後勤保障服務，有時也會協助老師，在企業講授一些基礎知識，做好專案輔助工作。同時她在校期間也是學校廣播社的播音員，平時也喜歡參加一些演講、朗誦比賽，非常享受站在講臺上與人分享的感覺。她也曾找王振溝通過這件事情，王振也非常爽快答應，輔導許靜相關的講師技能，讓許靜更專業，並勝任企業相關內訓課程的講授。後續的每個章節，都將由王振和許靜的對話作為開端，繼而引出相關專業知識。讓我們一起開啟這段學習之旅。

第一講　自我測評

「王經理，我今天在翻看公司過往資料的時候，發現你是連續好幾屆的全集團優秀內訓師啊！真是太厲害了！我也希望有一天能像你這樣成為優秀的內訓師，在臺上發光發熱！」許靜不無羨慕地說。

「是嗎？妳也有興趣做內訓師？這可是一份不輕鬆的差事哦！妳平時上班工作量已經非常飽和，要做好內訓師授課工作，需要備課，查詢素材，找專家訪談溝通，可是很費時間和精力的，而這些都需要花費妳工作之餘的時間。很多時候就為了找一個好素材，做一頁精美的 PPT，會在電腦前一坐就是好幾個小時。」王振平靜地說著。

「難怪你能連續幾年拿到優秀內訓師稱號呢，原來都是因為你的付出和努力，量變到質變的結果啊！不過這點困難是難不倒我的，你要知道我以前就是學校廣播社的，而且也經常登臺主持一些節目，我也接觸和服務過一些職業講師，在這方面我是有心理準備的。我是發自內心想和大家分享，想和大家溝通的。希望能得到王經理的輔導和幫助，有優秀內訓師的輔導和指導，我想我的成長會像火箭一樣往上衝的。」許靜邊說著，邊做了一個誇張的往上的手勢。

她的舉動把王振也給逗樂了：「好吧，既然妳有那麼大的

決心，我教妳是沒有問題的。只不過，因為我教妳的時間畢竟有限，所以課後需要妳自己去消化，思索，找機會自己練習。最重要的是，妳要多學習，提升自己的專業知識，這是妳目前比較欠缺的。可以做到嗎？」

「Yes，Sir!」許靜站起來敬了一個大大的禮。

「沒想到我眼前這個美女還有這麼大的彈性啊，還真的是做內訓師的料呢！」王振心裡想著，但是臉上還是平靜地說：「那我們就快馬加鞭吧，年底正好也有全集團的內訓師選拔大賽，妳現在學成，正好趕上年底的選拔賽，妳秀一秀自己，通過之後就可以成為一名集團內訓師了。」

「那太好了，我都迫不及待了！」許靜急切地說。

「要教妳，我首先得知道妳在哪方面比較欠缺，因為時間緊，任務重，我們就挑妳比較薄弱的來進行教學。我這裡有一份內訓師的自我評估表，妳現在就填一填吧，可以讓妳知道自己在哪方面還需要加強。」王振邊說著邊遞給許靜一張A4紙的表格。

許靜接過表格一看，這是一張用來評分的自我評估表。內容不多，但是卻有兩個面向：一個是授課內容，另一個是授課形式。

授課內容自我評分表

授課內容	
評分標準：	
幾乎總是：5 分	
通常情況下是：4 分	
有時候是：3 分	
通常情況下不是：2 分	
幾乎從來不是：1 分	
1. 授課潛能精心準備課程內容，做到內容詳實，案例豐富	
2. 課程的整體結構完整，課程邏輯性強	
3. 課程內容之間的銜接和連繫順暢自然，一氣呵成	
4. 開場導入引人入勝，不僅貼合主題，同時給學員以思考 和啟發	
5. 課程收尾餘音繞梁，幫學員總結回顧，同時叮嚀行動	
6. 能輔以課程內容貼切的故事和案例輔助教學，幫助學員 理解課程	
7. 課程內容主次明瞭，交出重點和關鍵點	
8. 能運用綜合方法使課程通俗易懂	
9. 用概念和關鍵詞提煉課程觀點和結論，方便學員記憶和 傳播	
10. 能用實例、素材、證據等證明課程的等證明課程的觀點 和論點，被學員認可、接受	
授課內容總得分	

授課形式自我評分表

授課形式
評分標準：
幾乎總是：5 分
通常情況下是：4 分
有時候是：3 分
通常情況下不是：2 分
幾乎從來不是：1 分

1. 授課時，我能時刻關注學員的聽課狀態，當發現學員興趣低落時、能採用各種成人教學手法提高學員學習的興趣和積極性	
2. 能採用各種教學方式鼓勵學員參與：如大型研討、提問、小型研討、現場演練、遊戲、影片教學、念 PPT、記筆記、開心金庫等各種方法	
3. 會適時地採用幽默打破學員和老師之間的隔閡跟緊張感	
4. 我會以聽眾樂於接受的方式進行培訓授課	
5. 在授課一開始，或與陌生學員剛接觸時，我的授課重點不在於講授內容，而在於和學員建立關係和信任感	
6. 我會以可與聽眾產生共鳴的話題開始授課，透過故事、案例等，由淺入深，慢慢將學員引導到新的知識點和授課內容上	
7. 在課程需要時，能夠積極引導學員，提出各類問題，讓學員思考和回答，增強課程的互動性	

授課形式	
8. 講述的內容和節奏並不是固定的，每次授課根據學員的實際情況和聽課的反應調整課程的互動性	
9. 我運用幻燈片、講義或其他媒介作為我演講的輔助工具，我不會讓幻燈片顯得比我自己還重要	
10. 講話時，我知道如何運用節奏、音調和音量來表現講述內容的細微差別和變化	
授課形式總得分	

「這張評分表可以幫助妳了解妳的授課風格。上面的授課內容主要評測妳的內容組織、邏輯性、觀點、結論是否鮮明等。下面的授課形式主要評測妳如何將這些內容呈現給學員，怎樣呈現才能讓學員聽，喜歡妳的課程，因為喜歡才會產生興趣，才能提高課程的有效性。我現在給妳幾分鐘。妳可以憑藉妳的第一感覺快速填寫一下。總共有 5 級分數。1 分代表從來都不是這麼做的，而 5 分代表幾乎總是這麼做的。每個評測項目有 10 道題，所以滿分是 50 分。妳先填寫好，我們再來分析和解釋。」說完，王振喝了口水，微笑地看著許靜。

於是許靜開始埋頭做起了測評。

「填好了。」大概過了 5 分鐘之後，許靜抬起頭，把評測表遞給了王振。

許靜的授課內容自我評分表得分

授課內容	
評分標準：	
幾乎總是：5 分	
通常情況下是：4 分	
有時候是：3 分	
通常情況下不是：2 分	
幾乎從來不是：1 分	
1. 授課潛能精心準備課程內容，做到內容詳實，案例豐富	3 分
2. 課程的整體結構完整，課程邏輯性強	3 分
3. 課程內容之間的銜接和連繫順暢自然，一氣呵成	2 分
4. 開場導入引人入勝，不僅貼合主題，同時給學員以思考和啟發	2 分
5. 課程收尾餘音繞梁，幫學員總結回顧，同時叮嚀行動	3 分
6. 能輔以課程內容貼切的故事和案例輔助教學，幫助學員理解課程	3 分
7. 課程內容主次明瞭，交出重點和關鍵點	3 分
8. 能運用綜合方法使課程通俗易懂	2 分
9. 用概念和關鍵詞提煉課程觀點和結論，方便學員記憶和傳播	2 分
10. 能用實例、素材、證據等證明課程的等證明課程的觀點和論點，被學員認可、接受	3 分
授課內容總得分	26 分

許靜的授課形式自我評分表得分

授課形式	
評分標準：	
幾乎總是：5 分	
通常情況下是：4 分	
有時候是：3 分	
通常情況下不是：2 分	
幾乎從來不是：1 分	
1. 授課時，我能時刻關注學員的聽課狀態，當發現學員興趣低落時、能採用各種成人教學手法提高學員學習的興趣和積極性	1 分
2. 能採用各種教學方式鼓勵學員參與：如大型研討、提問、小型研討、現場演練、遊戲、影片教學、念 PPT、記筆記、開心金庫等各種方法	2 分
3. 會適時地採用幽默打破學員和老師之間的隔閡跟緊張感	1 分
4. 我會以聽眾樂於接受的方式進行培訓授課	2 分
5. 在授課一開始，或與陌生學員剛接觸時，我的授課重點不在於講授內容，而在於和學員建立關係和信任感	4 分
6. 我會以可與聽眾產生共鳴的話題開始授課，透過故事、案例等，由淺入深，慢慢將學員引導到新的知識點和授課內容上	2 分
7. 在課程需要時，能夠積極引導學員，提出各類問題，讓學員思考和回答，增強課程的互動性	3 分
8. 講述的內容和節奏並不是固定的，每次授課根據學員的實際情況和聽課的反應調整課程的互動性	1 分

授課形式	
9. 我運用幻燈片、講義或其他媒介作為我演講的輔助工具，我不會讓幻燈片顯得比我自己還重要	3分
10. 講話時，我知道如何運用節奏、音調和音量來表現講述內容的細微差別和變化	2分
授課形式總得分	21分

「來，我們一起結合這個『培訓授課能力矩陣圖』來比對一下妳的位置。」王振邊說著，邊拿出一個矩陣圖和許靜一起分析起來，「妳看，這個能力矩陣圖有兩條軸：X軸和Y軸。X軸就是妳剛剛填寫的授課內容的得分。Y軸就是授課形式的得分。兩條軸把這個矩陣分為了四個象限。我們分別來看看。第一象限我們叫精彩區，為什麼叫精彩區？」王振抬頭看著許靜。

「因為看起來在這個區域的兩個得分好像都是很高的，所以應該會比較精彩吧。」許靜眨眨眼睛，若有所思地說道。

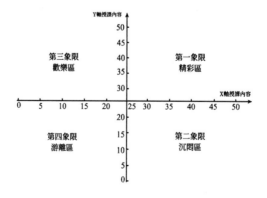

培訓授課能力矩陣圖

「這個象限的兩個分數確實都很高，都在 25 分以上。為什麼是精彩區？因為這個區域的課程不僅內容組織整體結構完整，邏輯清晰，同時觀點、方法、結論、步驟等突出。另外課程內容的組織和呈現形式也非常精彩，能夠影響學員，引導學員積極參與課程。所以這樣的課程對於聽課的學員來說就是一種享受；這樣的老師也是最受學員歡迎的，因為聽他們的課不累，而且收穫還不少。在我們集團，這樣老師的課都是學員點名要求去上的，粉絲一堆一堆的。」王振一本正經地解釋著。

「難怪王經理你有這麼多粉絲啊，原來你們的課程是這麼精彩啊。不知道我什麼時候才能進入這個象限，真是羨慕你們。」許靜一邊嘀咕著，一邊崇拜地看著王振。

「妳只要努力，進入第一象限只是時間問題，妳完全沒有問題的。」王振給許靜投來讚許的目光，「我們再來看第二個象限，叫沉悶區，為什麼叫沉悶區呢？妳會發現這個區域老師很多都是企業內部的專家，在某個職位上的工作經驗非常豐富，內容也都貼近事實，很有深度，並且較為系統。所以他們的授課內容得分都是偏高的。他們的主要缺點就是內容的呈現，沒有有效地設計很多形式把這些內容一一呈現給學員，讓學員時不時就來個『哇』！他們更多的還是只採用傳統的講授法，我講你聽，因為他很專業，所以很容易沉浸在自己的專業世界裡，把學員隔離在外面。同時這些專家的聲音

和音調本身就比較平，整個課程幾乎都是一個音調。這樣就很容易造成一個結果，那就是『上面講得口沫橫飛，下面睡得死去活來』。」

一聽到王振說這句話，許靜就捂著嘴偷笑。

「妳好像很有感觸啊，聽我說這句話。」王振看許靜偷笑就問她。

「對啊，你說這句話，我就想起了我們大學課堂，好像很多都是這樣的，特別是夏天的下午，那更是睡倒一大片啊，所以你一說起來我就很有感觸，沒想到企業裡面也有這種情況。」

「是的，有這種現象的，而且這種現象還不在少數，所以我們才取了這個形象的名字叫沉悶區。我們再來看第三個象限。這個象限的名字叫歡樂區。就是聽這個課程的學員都很歡樂，因為這樣的老師在上課的時候會設計很多形式，什麼遊戲、影片、開心金庫啊。反正就是不讓你閒著，所以學員聽這個覺得很好玩。但是因為形式太多了，喧賓奪主，導致內容的含金量就偏少。課程好玩，但實際上學完之後學員的收穫偏少，沒有多少內容，所以我們叫它歡樂區。」王振喝口水看看許靜，看她有沒有理解。

「一個歡樂區，一個沉悶區，如果綜合一下就很好了。」許靜指了指兩個象限。

「是的，兩個象限的人綜合一下就是精彩區了。但這個說

起來容易，做起來很難。最可怕的是第四象限，我們稱它游離區。就是內容上不占優勢，授課形式上也沒有突破，這種課就有一定的提升空間了。上這種課程的學員不是玩手機就是睡覺，要麼就是用腿投票，直接就離開教室了。這四個象限分析完了，妳有沒有什麼問題？」

許靜搖搖頭，表示自己理解了。

「那我們來分析一下妳的得分吧。妳看，妳的授課內容我們加總分之後是 26 分。我們在坐標軸的橫軸位置找到這個點。妳的授課形式的加總分是 21 分，我們在坐標軸的縱軸找到這個點。這兩個點的交會點就是妳所在的象限，所以妳是在沉悶區這個象限。而且妳的授課內容得分也是超出中心水準一點點，提升空間也是蠻大的。所以我們的目標就是讓妳在授課內容和授課形式上都能得到提升，讓妳進入精彩區這個象限。妳有信心嗎？」王振充滿期待地看著許靜。

「沒問題的，有王經理這麼好的師傅，還有我這麼聰明和努力，我一定會盡快步入精彩區俱樂部的。」許靜躊躇滿志。

「那就好，信心是最重要的！」王振對許靜的表態表示認可。

授課能力矩陣象限名稱解讀

歡樂區	精彩區
無實質內容 絕佳的授課技巧 聽眾積極踴躍參與，但收穫頗微	專業的內容 絕佳的授課技巧 聽眾聽課是一種享受，輕鬆中學習內容
游離區	沉悶區
無實質性內容 單一的授課方式 聽眾很痛苦，感覺浪費時間，想逃離現場	專業的內容 單一的授課方式 聽眾覺得內容很實用，但無法讓自己專注於內容

第二講　內訓師的全腦開發

「上一次我們花了些時間做了自我測評，了解到自己可以提升的方向和目標。這個過程還是非常有意義的。」王振幫助許靜複習上一次的溝通內容。

「是的，上一次確實讓我看到了自己的不足，以及可以成長的地方。後來我回去思考和上網搜尋資料，發現越看資料，反而對授課內容和授課形式這兩個概念更模糊了，希望今天王經理可以幫我解答。」許靜虛心求教。

王振起身來到白板邊，拿起一支黑色的白板筆，在上面寫上了八個大字：授課內容，授課形式。「許靜，告訴我什麼是授課內容，什麼是授課形式。」王振讓許靜回答問題。

「授課內容好像你上次說過是老師上課的觀點、方法、結論、流程、步驟等資訊。授課形式應該就是老師怎麼樣來呈現內容的方式，比如講個故事、猜個謎語、做個討論和交流、做個遊戲、觀看一段影片等等。」

王振則在許靜回答的時候快速把許靜說到的內容寫在白板上。

「妳說的八九不離十，都是對的。」王振邊放下白板筆邊說道，「現在我要問妳，妳覺得授課內容和授課形式在一次課程裡面哪個比較重要？」

「哪個比較重要？」許靜顯然沒有想到王振會提出這麼一個問題，這個問題看著很簡單，但是回答起來還真有點不容易。她想回答兩個都重要，但這顯然應該不是王經理所要的。「我覺得可能是形式比較重要。」許靜沉思之後給出了自己的答案。

「為什麼這麼說，解釋一下妳的想法。」

「因為我覺得授課形式是對授課內容的加工和再組織，學員能否聽懂內容，喜歡聽，願意參與課程，都與內容如何呈現是密切相關的。所以我認為授課形式比較重要。」許靜對自己的回答很滿意。

「那我想問妳，如果妳引導學員做一個互動遊戲，請問妳是想讓學員在課程結束後記住這個遊戲呢？還是想讓學員記住妳在遊戲後帶給學員的觀點和結論？」王振反問道。

「應該是觀點和結論吧，觀點和結論才是內涵啊，對學員的工作有指導意義的。哦……我懂了。」許靜彷彿明白了什麼。

「妳明白什麼了？」王振趁熱打鐵。

「你剛剛反問我的那個問題，讓我想到是內容比形式更重要的。所以我才恍然大悟的。」

「是的，應該是授課內容比授課形式更重要的，要不然課後如果讓學員記住那個遊戲就得不償失了。」王振補充道。

「授課內容比授課形式重要，那我再問妳，授課內容和授課形式在一門課程裡面的配置應該是哪個更多呢？」王振邊指著白板邊問許靜。

「哪個更多？哪個應該更多？」許靜嘴巴唸唸有詞，但大腦卻在高速運轉，「授課形式應該更多一些吧。」

「為什麼呢？」

「因為授課內容需要授課形式進行分拆和重新的呈現，所以授課形式會比授課內容更多，因為幾個授課形式組合在一起才可能把較專業的授課內容講清楚啊。這是我的理解，不知道對不對。」因為之前錯過一次，所以許靜有點謹慎小心了。

「妳的回答非常正確，而且還說到重點了，說明妳回去後還是有去消化所學的。」

得到王振的讚美，許靜還是很開心的，說明自己的努力沒有白費。「那王經理再說說理由，讓我再學習學習。」許靜還是保持謙虛低調。

「嗯。授課形式確實要多於授課內容。比如我們拿電鍋煮飯的時候。我們需要水和米作為材料。水和米哪一個應該更多？」王振問許靜。

「當然是水了，要不然米不就生了啊，或者吃起來很硬。」許靜不假思索地回答。

「是的，所以水就是授課形式，授課形式要多於授課內容，要不然米就難以下嚥，口感偏硬，就像授課內容艱澀難懂，難以消化理解。」王振邊說邊做了一個吃飯的動作。

「嗯，這樣說很具體，我就更容易理解了。」許靜禁不住豎起了大拇指。

「了解了授課內容和授課形式的重要性和占比之後。我們就要來探討如何基於授課內容和授課形式來進行培訓師的全腦開發。」王振說道。

「全腦開發？是智力開發嗎？」許靜對於新名詞一知半解。

「美國心理生物學家斯佩里博士（Roger W. Sperry）透過著名的割裂腦（split-brain）實驗，證實了大腦不對稱性的『左右腦分工理論』，他發現正常人的大腦有兩個半球，由胼胝體連線溝通，構成一個完整的統一體。左半腦主要負責邏輯理解、記憶、時間、語言、判斷、排列、分類、邏輯、分析、書寫、推理、抑制等，思考方式具有連續性、延續性和分析性。因此左腦可以稱作『意識腦』、『學術腦』、『語言腦』。右半腦主要負責空間形象記憶、直覺、情感、身體協調、視知覺、美術、音樂節奏、想像、靈感、頓悟等，思考方式具有無序性、跳躍性、直覺性等。簡單地說我們的左半腦負責的就是剛剛說的授課內容，而右半腦負責的就是授課形式。兩者只有相輔相成，共同作用，才能促進左右腦的均衡和協調

發展，從整體上開發大腦。」怕許靜一下子接受不了這麼多訊息，王振刻意停了一下。

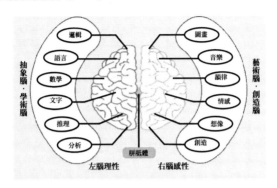

培訓師全腦模型

　　看見許靜筆記記得差不多了。他又繼續說道：「但是現實授課中，老師的『偏腦現象』還是非常普遍的。無論是內訓師的左腦能力還是內訓師的右腦能力，本身沒有對錯和好壞。只是當妳過度偏向某一種方向時，就會給學員帶來不太好的感受。很多『偏左腦』的內訓師表達嚴謹，條理清晰，但氣氛沉悶，缺乏互動，講解乏味，很難激發聽眾的興趣與參與。很多『偏右腦』的內訓師善於營造氣氛，表達精彩，故事傳神，但內容缺乏深度，條理不夠清晰，聽眾感覺娛樂性強，實用性差。而優秀的內訓師應該左右腦均衡訓練，同步發展。『左腦能力』和『右腦能力』中任何一個的欠缺，都會對培訓效果產生很大的負面影響。」王振離開白板坐到位子上，喝了口水。

內訓師左腦能力在培訓中的具體表現

專業知識掌握程度	表達中的條理性	講故事中情節的合理性
點評的深度	培訓內容的邏輯性	用詞水準
培訓設計能力	對聽眾提問的理解力	詞彙掌控能力
課程結構的清晰性	語言的精確性	有效擴展情景片段到一個完整故事情節的能力
內容總結的準確性	有效陳述表一個具體事物的能力	培訓內容時間分配的合理性

內訓師右腦能力在培訓中的具體表現

表達中的感染力	引發聽眾聯想的能力	自我情緒控制能力	氣氛營造能力
表達中的畫面呈現能力	激發興趣的能力	現場反應速度	遇到難題時的迂迴能力
表達中的節奏掌握能力	講故事的能力	聽眾情緒的判斷能力	衝突解決能力
語音語調的控制能力	與聽眾之間的親和力	興趣點的捕捉能力	培訓道具的使用及培訓現場利用能力

「照你這麼說的話，按照我上次自評的結果，我應該是『偏左腦』的嘍？」許靜試探性地問道。

「可以這麼說吧。」王振回答道。

「左右腦互動和訓練確實是非常好的，能夠改變學員的積極性，同時學到必要的內容。只是光這樣聽，我的感觸不是很深，有沒有什麼案例可以讓我看看的？這樣更直觀，一目了然就能了解。」許靜問道。

「案例？好像有的，在我電腦上有一個今年上半年講『目標計畫制定與落實』的課程影片，我去把電腦拿過來，我們可以一起看看，分析一下裡面的左右腦運用。」王振說完就起身去辦公室拿電腦。

很快王振拿來了電腦，接上電源，開啟電腦，找到影片，輕按兩下開啟了影片。王振熟悉的聲音從電腦的音響中傳了出來。

大家好，我是本次課程授課老師王振，今天給大家分享的主題是關於如何有效地制定工作和落實計畫。我們都知道工作計畫對於工作的有序開展是非常重要的，好的計畫不僅能夠指導我們的行動，同時也能方便上級的考核和輔導。接下來，我想讓大家思考並小組討論2個問題，第一個問題是平時我們都是怎麼來制定計畫的？第二個問題是在計畫制定和執行中我們都會碰到什麼樣的挑戰和困難？來，給大家5分鐘時間快速討論一下，待會小組派代表公布你們討論的結果。好，時間到。我們先請第一組的代表分享一下你們組討論的結果。好，謝謝。第一組提到了計畫制定好之後，就擱在抽屜裡了，以後再也不會去看了，更別說去執行了，因為

制定計畫這個工作永遠只是為了應付而去做的，寫和做是兩張皮，為了寫而寫，這也是很多人覺得制定計畫是雞肋的原因所在吧！我們再請第二組分享一下你們組討論的結果。（然後簡單給點評，後面幾組以同樣的方式推進。）

從剛剛大家的分享，可以看出思考和討論的成效還是非常顯著的，因為制定和執行計畫的重點和困難點大家幾乎都提到了。來，大家給優秀的自己掌聲鼓勵一下！

今天一天的時間要學些什麼呢？我們會學習計畫從制定到執行控制的一個完整流程，幫助大家制定詳實的計畫，同時確保落實。我發了幾張小卡片給每一組，現在請大家排序，你們認為什麼步驟在前，什麼步驟在後？來，給大家 1 分鐘時間討論，待會兒公布答案。好。我們來看看是怎麼樣的一個順序。第一步是什麼？（等著學員集體回答）。非常好！是制定目標。第二步呢？（等著學員集體回答）。第二步是大家容易忽略和出錯的，第二步應該是探討策略，這個過程是群策群力、腦力激盪的過程，透過這個過程，可以找到更多以前沒有想過，或沒有用過的新方法，新思路，是一個開啟思路的過程，是一個創新的過程，把這些策略再延展出計畫，就能更好地支撐目標的達成，所以第二步是探討策略。第三步是什麼？（等著學員集體回答）。對，是制定計畫。有了豐富多樣的策略，我們再把策略用 5W1H（What/When/Who/Where/Why/How Much）格式延展成具體的計畫，

才能幫助考核和指導執行。第四步是什麼？（然後等著學員集體回答）。很好，是給予輔導，下屬在執行計畫的過程中，有可能會碰到超出他能力範圍的、他不會做的工作，就會跑過來向你求教，這時候要怎麼辦？對，你要適時地對他輔導和培養，我們說職業培訓對員工的能力成長占比達80%。只有把你的能力和經驗教給下屬了，才能更好地執行和落實計畫，下屬都完成計畫了，那你這個部門不也就完成計畫了？你這個部門經理不也就完成目標了？第五步是什麼？對，是管控過程，請問下屬在執行計畫的時候，有沒有可能走偏？有沒有可能不做的時候，又沒有人管他，他就放在那邊不去做了？有沒有可能事情多了之後，忘記了做某項事情？這些情況都有可能發生。如果你只是月初制定了目標和計畫，到月底之前這段時間從來不去過問計畫執行和達成的情況，從來不去找下屬聊聊。等到了月底，你發現計畫的達成還差一大截的時候，已經來不及了，這時候，說什麼都已經太遲了。所以計畫執行中的過程管控還是非常重要的，能夠有效地確保制定好的計畫落實。

好，剛剛我們排序了5個步驟，也是我們今天一天要學習的5個章節。剛剛5個卡片排序都正確的小組有沒有？有的舉手示意一下。好，很好，來，我們把掌聲送給第一組和第五組，非常棒！知道了今天一天是學習什麼的，我想請每一位學員自我思考一下，在這5個章節裡，有哪一點是你

之前在制定計畫中比較容易忽略的？哪一點是你比較有心得的？來，給大家 5 分鐘時間思考一下。（5 分鐘思考時間）。好，時間到。接下來，大家站起來之後在別的小組找到一位和你身高差不多的夥伴形成一個兩人小組，然後彼此分享一下自己的觀點，給大家 3 分鐘的時間，分享完之後就彼此握個手然後回座。（3 分鐘分享時間）。好，剛才看到大家非常熱情積極地分享自己的觀點，也為自己今天的學習找到了方向和目標，這樣你一天的學習會更有成效。

　　首先我們來講解一下第一章節制定目標的內容。大家覺得我們工作的目標是從哪裡來的？給大家 2 分鐘時間，小組簡短討論一下，你們認為工作目標是從哪裡來的？（2 分鐘討論時間）。我們請小組派代表依次分享一下。（小組分享完畢）。大家說的都非常有道理，其實把大家的答案整合在一起，就完整了。我們說目標更多的是來自於組織層面的，也就是先有公司級的目標和方向，一般由總經理承擔，然後分解到部門，由部門經理承擔，再分解到員工，所以目標分解是從上而下的，而目標的達成是從下往上的。這是比較科學的方法。那制定目標要符合什麼樣的標準？對的，要符合 SMART 的原則，關於什麼是 SMART 原則，相信大家都聽過很多了，這裡讓大家連連看，請大家在學員手冊上把 SMART 原則每個字母代表的意思分別和相對應的答案連線在一起。好，我們來公布一下答案。S 要和什麼連在一起？對，是

Specific，明確的、具體的；M 代表什麼？Measurable，指目標是要可衡量的；A 代表什麼？Attainable，指目標是要可達成的；R 是指 Relevant，指目標要和工作相關，有相關性；T 是 Time-bound，指的是目標的達成要有時間期限。

在這裡，我為大家寫了幾個目標的例子，請大家思考和判斷一下，這些目標的例子裡面，哪些是正確的？哪些是錯誤的？錯誤的點在哪？給大家 5 分鐘時間思考一下。（5 分鐘思考時間）。好，接下來和你旁邊的小夥伴形成一個兩人小組，互相分享一下彼此的觀點，看你們的思路是不是一樣的，給你們 3 分鐘的時間。（3 分鐘分享時間）。好，我們來快速看一下這幾個案例。（接著老師和學員一起來回顧這些例子，並分析錯誤的原因。）

大家的學習和理解能力都很強，當我們已經理解和掌握了 SMART 原則之後，我們就要來進行實作了。現在請每組學員以你公司部門為範本，制定出三個符合 SMART 原則的目標，我們請小組派代表上臺分享並點評，給你們 8 分鐘時間，計時開始。（8 分鐘時間）。好的，我們請每組派代表上臺，把你們制定的目標和大家分享一下。（每組代表分享完後，內訓師給點評，指出其中好的和待改善的部分，以此類推，每個小組依次登臺並點評。）

大家的目標都制定得非常不錯，來，我們為自己掌聲鼓勵一下。各位，當我們有了好的目標之後，我們要做什麼？

對，我們就應該來探討策略了。這也是非常關鍵的一個步驟，直接影響後面 3 個步驟的有效性……

花了 30 分鐘，王振給許靜看了他認為比較重要的一些影片內容。他看到許靜在看的時候也在認真地記錄，不時在有問題的地方向他請教。看到自己的下屬如此熱愛學習，王振也是很欣慰的，想著能多教一些知識和技能給許靜。

「看完了這個影片，我要問妳幾個問題。妳思考之後再回答我。我來看看妳是否理解了這個影片的精髓。第一個問題是妳回憶一下這個影片裡面都有哪些授課形式？第二個問題是為什麼要用這些授課形式來輔助授課內容的教學？第三個問題是這些授課形式的靈活運用對妳未來授課有什麼啟發和借鑑意義？這 3 個問題我給妳 10 分鐘的時間思考，然後我們一起來探討，這樣妳的學習成長速度是最快的。」王振說完抬起左手看了看他那支卡西歐的石英錶。

「差不多了，王經理，我們討論討論吧。」10 分鐘還沒到，許靜就已經胸有成竹了。

「好啊，那妳說說看吧。」王振從窗戶邊走回來，重新坐到椅子上。

「剛才看的時候沒太在意，光在記筆記了，但是剛剛細細看了一下，發現王經理還是用了很多授課形式，不愧是集團優秀內訓師啊，這授課形式都已經深入骨髓了，信手拈來。」

許靜先是讚美了王振一番。

王振嘴上雖然沒說什麼，但心裡還是很高興的。因為講課也是他非常喜歡和自豪的一件事情，他發現在臺上的時光能夠讓自己的生命更完整，所以無論多辛苦多累，只要有課講，他都會盡力把課程做到最好。一方面是對學員負責任，不想讓學員空手而歸；另外一方面實在是自己太喜歡了，一坐下來備課就幾個小時，完全忘記了時間的存在。因為自己用大量的時間投入備課，去練習，課就會越講越好，得到學員、業務部門、主管的認可和鼓勵，所以就會更有動力去備課，去練習。因此，就進入了一個良性循環，而他的能力也在不知不覺中突飛猛進。當自己很自豪、驕傲的事情被別人讚美和表揚的時候，王振還是非常開心和滿足的，也更認定了這項工作的價值所在。

「來，妳繼續說吧。」王振擺擺手，示意許靜繼續說。

「好的，那我就按照你的講課順序來羅列一下吧。你用的授課形式有討論和交流、練習演練、問題互動、學員朗讀、學員動手、大型研討、習題練習、遊戲互動、影片教學等。王經理你看我說的對不對？有沒有漏掉什麼？」許靜虛心請教。

「還不錯吧，大致上都說出來了，這也驗證了我們剛剛說的那句話，內容比形式要重要，但是形式的比重會多過內

容。」王振顯然對許靜的回答還是挺滿意的,「如果按照課程設計的心電圖來說,我們可以把授課形式和教學方法大致分為 10 種。妳說的這些形式應該都包含在裡面了。」

許靜一聽王振談到了新名詞,就趕緊拿起筆記錄。

「這 10 種授課形式按照授課時對成人的刺激度由低到高排序依次是閱讀、聽講和觀看、提問和發言、大組討論、小組討論、案例分析、角色扮演、自我測評、學員練習和情景模擬。關於他們的具體解釋我這裡有一張表格,妳可以看看。」說著,王振從資料夾裡抽出一張表格遞給許靜。

許靜接過來一看,這張表格上把 10 種授課形式都做了一些解釋和介紹(見下表),方便初次接觸的人能夠看懂。上面還畫了一個類似心電圖的影像(圖)。

「這個就是課程設計的心電圖,妳在課程設計中加入較多的形式就能給予學員不同的刺激度,幫助他們愉悅地參與課程。如果課程設計只是使用單一的授課形式,那心電圖就變成一條直線了。一條直線的心電圖代表沒有活力、悄無聲息。關於教學活動的設計及使用我會在後面的分享中和妳溝通。」王振發現自己一下子說得太多了,他覺得還是按部就班比較好。

課程設計的 10 種教學方法

授課形式	解釋
閱讀	提供一份資料給學員，讓學員現場閱讀，材料可以是紙本的，也可以是電子的
聽講和觀看	講授法是一種非常傳統和有效的教學方法，講授法是一位老師的基本功，是指將大量的知識的資訊透過語言表達的形式傳達給學員和聽眾，透過這個過程使資訊從抽象變得具體形象，通俗易懂。同時為了帶動學員更快速理解講師所講內容，講師也可借助多媒體工具（如影片、錄影、幻燈片等），透過這些輔助工具，不僅刺激學員的聽覺、觸覺等，讓學員形成全方位的體驗感受，幫助學員領會老師所授課之內容。
提問和發言	提問是最好的互動。講師透過提問的方式，引發學員思考和討論，這樣避免學員一直被動地參與課程。學員思考和討論結束後，由學員來發表自己的觀點和見解。
團體討論	指超越組別來進行的課程討論互動，比如行動學習中的世界咖啡活動，還有腦力激盪等，都要求學員以整個教室為活動範圍來進行思考的碰撞和交流。
小組討論	指在小組範圍的討論形式，老師給出一個情境或議題，限定時間，讓學員在小組內充分交流和討論，並在此基礎上形成本小組的觀點和結論。小組討論的議題非常廣泛，可以是一個案例討論，也可以針對某個觀點、結論、方法進行討論。
案例分析	將工作中出現的實際問題編輯成案例，結合背景材料等資訊，讓學員基於案例進行分析和討論；並透過個性化的案例總結出共性的處事方式，用共性的處事方式來解決個性化的問題。案例分析可以幫助學員培養分析能力，判斷能力、解決問題能力及業務執行的能力。

授課形式	解釋
角色扮演	創造一個真實的環境，給出一份較詳細的角色說明書，讓學員來扮演其中的某個角色，透過整個過程的演繹來找到真實場景的感覺；幫助他們找到自身的優缺點，為下一步改進提供方向，同時觀察者的客觀回饋對於角色扮演者來說也是非常重要的。
自我評測	發放評測問卷給學員，檢驗學員的各種特質，如性格評測問卷、職業能力評測問卷、職業興趣測試等問卷。
學員練習	基本講師在課堂上所教授之技能和方法，學員按照老師的要求進行練習和實作。
情景模擬	這是一種體驗參與式的培訓。這種方法因為是把學員作為主體，所以可以很好地改變學員的學習積極性。當前流行的沙盤模擬教學法就屬於情景模擬教學。

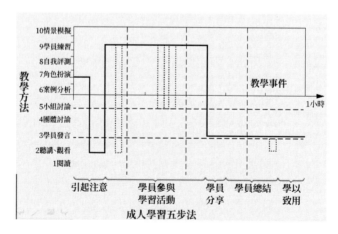

課程設計心電圖

「好的，我很期待這些內容。」許靜一邊看著這張紙一邊

說，「那我繼續說第二個問題了。為什麼要用這些授課形式？因為當老師的授課過程沒有用單向、傳統、枯燥的一味的講授模式來進行，而是注重和學員的互動，並引導學員自我思考和探討的時候。學員能夠主動參與、自己找到答案，加深學員對知識點和技能的記憶和運用。同時，老師還在課程中給予學員很多鼓勵和支持，讓學員可以更加放心大膽的嘗試，也更願意在課後去實踐和運用，透過思路的改變進而帶動行為的轉變，這樣的課程是學員所喜歡和願意參與的，也是符合我們左右腦互搏原理的。」許靜翻了翻筆記本，「所以現在看這個影片還是非常及時的，我以前上課時講授的比較多，沒有去改變學員參與的積極性，所以導致課程效果不是很好。以後我也要活用這 10 種教學形式，用課程心電圖來指導自己的課程設計，在課程中調節學員的左右腦，讓自己的課程能夠活起來，改變學員的參與和積極性。」許靜一口氣把兩個問題都說了。

「妳的分享還是蠻中肯的，這個左右腦共用的全腦理論確實對於我們的課程設計是有啟發意義的。在授課時老師要給出一些左腦的訊息，就是我們的授課內容。但是妳一直給左腦的訊息，就太枯燥了，學員難以消化吸收理解，情不自禁就會走神，甚至睡覺。這時候老師一旦發現有不好的跡象，學員走神了，游離了，就要趕緊採取措施，去調節學員的右腦，馬上來一點授課形式，讓學員思考討論、起來分享一

下、做個小互動，等等，這樣學員又會保持精力充沛，積極投入課程。這時候老師看學員狀態不錯，就可以開始講左腦的訊息了。左腦訊息講了一會兒，發現學員累了，又開始做右腦的互動形式了。依次反覆，一門課程就在不斷刺激學員的左腦和右腦中結束了。所以，一門好的課程永遠都不是偏腦的，都是基於左右腦的共用。透過這個影片，妳應該更清楚了吧。」

「清楚了，對於左右腦互動，授課內容和授課形式的組合我已經了然於胸了。我還有新發現。」許靜調皮地說。

「哦？有什麼新發現？說來聽聽。」王振好奇地問。

許靜清了清嗓子，說：「就是我發現你已經把講課的這些理念融入到你工作和生活中的各方面了。你剛剛在教我的時候，也不是一直用單向講授的方式給我傳授知識，而是藉助了影片、提問、反思、輔助資料、鼓勵等方式。所以我會覺得這個學習的過程很輕鬆，沒有什麼壓力，而且知識理念卻實際掌握了。你說對吧，王經理？」

王振沒有說話，只是微笑地點了點頭。

「以前我總以為上課就是上課，很多技巧和方法只有上課能用，上課之餘是沒法用的。那我幹嘛要花那麼多時間去準備？去學習？我又不是靠講課吃飯的。但是今天看到你的表現，我發現其實你能把課講好，你的技巧在輔導別人、和

別人溝通等場景都是可以用的。一個真正的高手，或者說一個真正把一件事情弄懂的人，一定是能夠活學活用、能夠融會貫通的人，而不是見樹不見林的。所以我認識到了自己以前的想法是錯誤的。現在也更急迫地想把授課這門技術學好了。感悟比較多，說得有點亂，王經理見諒。」許靜調皮地吐了吐舌頭。

對於許靜的這番話，王振還是蠻欣慰的，他沒想到這個小女孩會有這麼多的感觸和想法，而這也正是一個培訓師所需要的敏感度和洞察力。「妳能有這麼深刻的感悟我真是沒想到，說明妳真的用心投入在做這件事情。很多時候，當妳站在講臺的時候，不要太把自己當老師，妳就想著我是來和大家分享我的知識和經驗的，我該怎麼樣讓這個半天或者 1 天更有效呢？當妳經常這麼去想，妳的授課技巧自然就會用得隨意自然。就像我是想幫助妳提升授課能力，讓妳以後能用得上，而不是要證明我比妳強。所以我會不經意地用一些教學的方法，心裡怎麼想的，外在的行為表現就會自然流露出來。」

「嗯，謝謝王經理傾囊相授！小女子這廂有禮了！」許靜誇張地作了個揖。這可把王振逗樂了：「哈哈哈哈，今天就這樣吧！下次我們繼續。」

第三章　充分準備（一）

「今天我們主要講講一個老師的準備事項。你覺得一個老師做好準備重要嗎？」王振問道。

「那還用說啊，當然重要了。我現在向你學習，不就是在做準備嗎？」許靜不假思索地就做了回答。

「是的，準備確實非常重要，我舉兩個例子給妳聽，妳就更有感觸了。第一個是雷軍，第二個是賈伯斯。雷軍有一次公開演講的時候，說自己是如何來寫演講稿的。『我們有一個四五人的核心團隊，會有四五十人參與，一般會寫一個月到一個半月，我自己每天會花 4 到 5 小時，一般會改 100 遍以上，每一張都要求是海報級的。寫完了稿子以後，要推敲每 5 分鐘聽眾會不會有掌聲，每 10 分鐘聽眾會不會累，我們是應該安插短片還是安插圖片，怎麼掌控全場氣氛，怎麼能確保這個發表會一個半小時能結束。我一個人從頭講到尾，保證那一個半小時裡面，能讓你全場覺得無冷場。』」

「真的是完美主義，精益求精！難怪他們的小米賣得那麼好！」許靜不無佩服地說。

「是的，這都是要做大量準備的。賈伯斯就更厲害了。小米場地租兩天，他通常都要租兩個星期。他們幾十人的團隊有時候會為了一個時長 5 分鐘的演示準備幾百個小時。是幾

百個小時，而不是幾十個小時。早些年的時候，賈伯斯在排練演講中最重要的一段內容，就是他要讓某個電腦產品和觀眾亮相打個招呼的場景，這些電腦此時就應該從一塊深色幕布的後面滑出來。但是就是這麼一個小動作，賈伯斯對燈光很不滿意，他想讓燈光更強，而且早點亮，於是他們就一遍一遍地重複試，直到最後賈伯斯發出了『哇』的一聲讚嘆，他們才打造出了一種完美的燈光與機器配合呈現的效果。這兩個故事妳聽了有什麼啟發？」王振問許靜。

「現在很多公司都在追求產品的極致體驗，打造一個完美產品來俘獲消費者的心。其實身為一名老師來說，也應該是一位產品經理，而課程內容就是你的產品，當你自己站上講臺之後，甚至連老師自己都是產品，因為只有靠你聲情並茂的演繹，才能讓學員更加了解你的內容。所以老師應該不斷精心準備自己的課程，精益求精，好上加好，不斷否定過去的自己，努力修練提升自己，這樣才會成為一位受人尊敬的老師。」

「是的，妳說的產品經理這個比喻非常好，老師就是追求細節、不斷和自己較勁的角色。妳能夠理解我兩個故事的內涵我就很欣慰了。那妳覺得一個老師需要在哪些方面做好準備？」王振繼續問許靜。

「一個老師應該準備好多東西吧。首先內容要準備好，至少你總不能時間沒到，但你課程內容卻講完了，那就不好。

還有就是自己的心態也要準備好，心態不好是會誤人子弟的。其他的應該就是一些教學設備什麼的，比如投影機、白板、白板筆之類的，這些設備沒有的話，對課程的開展影響也是很大的。」許靜試探著說。

「妳說的已經差不多了。基本上一個老師的準備就分三類，內容上做好準備，心態上做好準備以及設備上做好準備。」王振對於許靜的回答給予肯定，「首先我們來說說內容上的準備。要設計和準備好課程的內容，首先妳得先知道成人學習和教育的不同點，以及成人學習的九大原則。」說著，王振遞給了許靜一張紙。

許靜一看，是一個表格，上面列出了成人學習與教育的不同點。

成人學習和教育的不同之處

成人學習	教育
學習者被看作學員或學習者	學習者被看作學生
認為學員有獨立的學習風格	認為學員沒有獨立的學習風格
目標靈活，可為個人或小組訂製	目標既定而不靈活
設想學習者可以貢獻經驗	設想學習者沒有經驗而且缺乏知識

成人學習	教育
使用積極的訓練方式，如案例分析、角色扮演等	使用講座等消極的訓練方式
學習者影響學習時間和進度	培訓者控制時間和進度
相關學員對培訓至關重要	學員對培訓經驗貢獻少
學習者著眼於現實中的問題	學習集中於內容
學員被視為事例和解決方法的主要來源	培訓者是提供答案、事例和解決方法的主要來源

　　「所以成人學習會更關注學員的學習進度和現場反應，以學員的反應來進行內容的調整和呈現。」王振解釋道。

　　等許靜看完後，王振又遞過來一份資料，許靜看了一眼，是成人學習的九大原則（見下表）。

　　「成人學習是有其固有的一些特點和指導原則的，而這些特點是內訓師在培訓前應該認真考慮的，內訓師必須熟悉並據此合理設計培訓教材，只有順著成人學習的特點和思路進行培訓前的準備和課程思路的梳理，才能確保學員喜歡並融入課程，把妳的知識和經驗傳達給學員。反之則會把學員推離妳的課堂，讓他的學習體驗糟糕至極。這9種指導原則分別是溫故知新原則、適應匹配原則、積極回饋原則、主動學

習原則、多維感官原則、總結練習原則、內在動力原則、強調重點原則、雙向溝通原則。發給妳的資料上有詳細的說明和注意事項，妳可以看一看。」

成人學習的九大原則基本含義及注意事項

對應原則	基本含義	應用中的注意事項
溫故知新原則	溫故知新原則告訴我們，對於之前已經學習過的內容，學員是很容易記憶和重新接受的。 基於溫故知新原則的含義，我們可以在教學場景中加以使用，第一，在培訓一部分內容之後，更經常加以回頭和總結，以提升學員對關鍵內容的記憶程度。第二，在教授學員最新、最陌生內容和項目時，可以想辦法和學員原有的知識和經驗產生連結，用舊有的知識體系來理解和融合新的內容，可以幫助學員更好地理解所學內容。	內訓師應經常組織學員重述課程前面所講述的重要內容，可由內訓師帶領學員回憶內容，也可由學員自行討論和分享。 重視每一次培訓的結尾，應花一些時間來對整個培訓課程進行總體性的回顧，強調要點和關鍵的資訊內容，最好能把這些資訊和關鍵點串聯起來，方便學員消化和吸收。 要能夠讓學員感受到參加課程之後自己對某些知識點的理解和記憶，同時學習帶來的進步和改善。

對應原則	基本含義	應用中的注意事項
適應匹配原則	適應匹配原則告訴我們，內訓師提供的課程所有資訊（包括故事、案例、知識、遊戲、影片等）都應該滿足學員的興趣和需求，因為內訓師的授課要以學員為主體。因此如果內訓師舉辦的課程與學員所想要的需求連繫不緊密的話，學員很快就失去學習的興趣和動力，甚至離開教室。 人人都不喜歡改變，內訓師要創造機會讓學員覺得新知識可以和以往的舊知識產生連結，而不是拋棄舊知學習新知，這樣才能削弱學員學習新知的恐懼感，加強其投入感。	可與部分學員代表及其主管溝通，了解其學習目的及需求，課程準備更有方向，增加課程的匹配性。擺脫單一的教授模式，綜合運用各種教學方法（如案例教學、影片教學、角色扮演等），形式多樣，喜聞樂見，這是學員喜歡和樂於接受的。 適時地鼓勵和認同學員，塑造積極的學習氛圍。

對應原則	基本含義	應用中的注意事項
內在動力原則	內在動力原則告訴我們，一切改變均來自自我的渴望，只有學員自己想要改變，想要提升，他們才會在培訓的過程中積極投入和付出，積極反應和討論，培訓才能事半功倍，培訓效果才會好。 學習氛圍很多時候是由學員的學習動力影響的，當學員都擺正心態，動力強勁，學習氛圍自然就好起來了，也減輕了內訓師的授課壓力。 如果授課忽略學員的內在動力原則，不注意去引發學員的動力，培訓效果將會大打折扣。	內訓師要了解學員的學習目標和需求，並以此為依據備課，同時要有準確告知學員培訓能夠幫助他們解決什麼問題，來激發和保持他們的學習動力。 老師是學員的鏡子，要想讓學員充滿求知欲，保持學習動力，老師自己也要嚴格要求。對培訓課堂保持高度的熱情和投入度，這樣才能潛移默化地影響學員。 學習是循序漸進的過程，內訓師應該由已知到未知的教學方法，從學員熟悉的要點為引子開始，再慢慢導入到其他相關知識。

對應原則	基本含義	應用中的注意事項
強調重點原則	學員對於第一個學習的要點將是掌握得最好的，所以內訓師應該把重點的環節和內容安排在學員第一印象和第一則資訊中。 可以把課程的綱要和脈絡在課程一開始就用模型和掛圖等形式展示給學員，說清楚裡面各個知識點之間的邏輯關係和脈絡結構，並在後續的課程中一點一點地把內容延展、擴散開來。 確保學員第一次接受的觀點、資訊、方法都是正確的，人是習慣性的動物，一旦有了固有觀念，以後要改正，就要花很大的成本和代價。	確保把你的重點內容放在課程的靠前位置講授，並進行多次強調 設計好你的開場白，好的開始是成功的一半，確保開場白能夠內容詳實，生動有趣。 為了確保第一次教授內容的正確性和準確度，盡量找一些公司內部較有資歷和經驗的中高層或專家授課。

對應原則	基本含義	應用中的注意事項
雙向溝通原則	學員是活生生存在於課堂的，培訓應注意與學員的雙向互動交流，而不應該是內訓師的一言堂，學員渴望參與到課堂中來，與老師互動交流，解決問題。	在設計課程的時候，內訓師就應該設計相應的互動討論環節，並做好備注，以提醒自己刻意和學員進行互動交流；刻意互動交流多了，形成習慣後，就自然而然會和學員交流互動了。 內訓師的肢體語言也是雙向溝通的重要內容，同時也要確保肢體語言與所授內容的匹配及一致性。

對應原則	基本含義	應用中的注意事項
積極回饋原則	無論是內訓師還是學員，都必須從對方的回饋資訊中找到必要的反應。內訓師透過回饋了解學員對內容的理解程度與參與程度，從而判斷是否需要放慢速度，或重新講解一遍等等，學員則從內訓師的回饋中看到自己的表現，了解自己在哪些方面做得不錯，那些方面亟待提升和完善。回饋分為兩種：正面回饋和負面回饋。正面回饋可以讓學員感受到被內訓師的重視，可能會激發其更大的潛力；負面回饋可能會讓學員失去信心，放棄學習和改變。	內訓師在講授課程時要眼觀六路，耳聽八方，隨時關注學員的細微表現，並隨時以各種方式（包括測試、提問等）獲得學員的回饋。同時在學員回答問題結束後，內訓師應以最快的速度對其表現做出明確回饋，因為學員也渴望來自內訓師的回饋。正面回饋和負面回饋的融合會顯得更客觀一些，也是學員比較容易接受的，所以內訓師切忌一味讚美和討好學員，而忽略了其可以提升和改善的空間。回饋是一種技術，需要內訓師平時多練習，學會對學員的回饋保持敏感，才能確保你的回饋一針見血，令學員心悅誠服。

對應原則	基本含義	應用中的注意事項
主動學習原則	學員主動地融入培訓過程，能夠學到更多的知識，這正驗證了那句名言：從行動中學習。 主動學習的另一優點在於能幫助內訓師維持學員的清醒和注意力的集中，成人一般無法耐住性子在教室裡坐一整天。	在課堂講授中，多加入一些讓學員能夠主動學習的活動（如討論、分享、提問、角色扮演等），學員的參與讓課程效果更好。涉及教授學員技能的課程時，一定不能只是講理論，一定要讓學員去動動手，去嘗試做一做；要不然很多時候，學員在課堂裡感覺都明白了，聽懂了，但是回到工作崗位之後，卻還是不會做。

對應原則	基本含義	應用中的注意事項
多維感官原則	多維感官原則（包含觸覺、聽覺、視覺、味覺）告訴我們：如果學員能運用多維感官去學習，其效果會事半功倍 如果內訓師教授學員一種新型的電腦產品，他們可能會記住。如果你向他們繼續展示這個產品，他們大多會記住，但如果讓他們去摸，去看，去拆解一下，那麼誰還會忘了這種新型的電腦產品呢？	如果有條件，在講解某些課程時，可結合實物進行講授。比如講解消防安全知識的課，就可以帶一個滅火器，結合滅火器進行講授，學員印象更深刻。創造條件讓學員實現多維感官的學習體驗，但別為了體驗而體驗，注意一切課程形式的設計都是為了內訓師的課程服務的。

對應原則	基本含義	應用中的注意事項
總結練習原則	總結練習原則指的是「重複學習」和「意象再現」。最好的記憶方法就是重複，讓學員們不斷練習、重複新的資訊和內容可以提高他們在短期內記憶新資訊的可能性和成功率。 實際操作中可以這樣去做：內訓師先講授相關內容和過程，然後演示大綱和摘要，在展示最終產品，最後再讓學員按著要求重複幾次。 練習也必須保證一定的強度。實驗證明，缺乏各類型的訓練和練習，學員將在 6 小時內忘記所學內容的 25%，24 小時之內忘記 30%，6 星期之內忘記 90% 以上。	讓學員反覆的內容越多，他們能記憶的資訊就越多，所以在課堂中，內訓師要多加入一些讓學員練習、總結的環節，引導和鼓勵其不斷練習和總結。注重練習和總結的趣味性，人人都喜新厭舊，對於舊知識的練習和總結就要設計新穎的形式，讓學員樂於參與。

「原來成年人學習還有這麼多原則和特點啊！以前根本沒去注意這些事情，難怪上課總覺得好累，成效也不太好。」

許靜恍然大悟。

「是的，就像我剛剛說的，成人本身具備一定的知識和經驗，有自己的想法和思路。一定要順著他們的思路走，用他們喜聞樂見的方式給他們授課，才會造成比較好的效果。這個內容比較多，建議妳回去之後再好好消化體會一下。其實裡面的很多內容和上次提到的授課內容和授課形式，左右腦互動是相通的，彼此連繫起來看，會讓妳更有感觸。」

「嗯，好的，謝謝王經理。」

「當我們了解了成年人學習的特點和原則以後，接下來再來講講內容準備的一點技能就是關於課程內容的整合和安排。」王振說道，「內容整合好了，可以幫助老師減輕授課的壓力。讓授課變得更輕鬆。內容整合就像一齣戲的指令碼一樣，會決定整齣戲的一個走向。」王振喝了口水，清了清嗓子繼續說道，「因為我們集團的課程時間一般控制在 3 小時左右，所以接下來我就介紹一種快速產出課程大綱的方法，可以幫助妳快速釐清課程大綱的思路。學習如何設計大綱之前，我們先來看傳統課程開發模式和現代課程開發模式的不同之處。」於是王振起身來到白板旁，在白板上畫了這麼一個表格，來說明兩者的不同之處。

傳統課程與現代課程開發模式的不同之處

	傳統課程開發模式	現代課程開發模式
目標	培訓	學以致用
思維方式	發散，以培訓主題為中心	聚焦，聚焦關鍵問題的改善
核心	內訓師和主題	學員需求
關注點	我能講什麼	學員應該聽什麼
特點	力求大而全	強調針對性和實用性

「從此圖我們可以看出現代企業的課程開發追求落實性、實作性和實用性，重在關鍵問題的解決和改善。所以培訓結束後，如果有助於解決問題，那這樣的課程就是好的課程；如果對解決問題沒有實質性的幫助，那就是浪費時間的課程。」王振拿著一支白板筆邊指著這個表格邊說了這麼一段話，「基於這樣的理念，我們介紹第一種課程大綱的快速羅列思路和方法：三問法。」說著，王振在白板上寫了三行字。

◆ 概念式：是什麼（What）
◆ 原理式：為什麼（Why）
◆ 流程式：怎麼做（How）

「關於這三行字，妳怎麼看？」王振寫好之後問許靜。

「『是什麼』是不是就是老師講課的知識點、原理什麼的。『為什麼』應該就是講這個的理由，強調重要性。『怎麼做』就是追求落實，教你一些做的步驟、流程和方法。是

這樣嗎？」許靜問王振。

「差不多吧。其實妳會發現幾乎所有的課程都是由這三部分所組成的，只是因為課程主題的不同，課程側重點的不同，課程所針對對象的不同而導致每部分內容在課程總時長中所占比例的不同。我們現在結合「時間管理」這個課程來講解如何根據『三問法』來快速羅列課程大綱。首先羅列『怎麼做』的內容。也就是說透過這個課程妳想教會學員什麼技能和方法？透過「時間管理」課程，妳想教會學員『艾維‧李的效率法』、『一週時間運籌法』、『提高效率的三個問題』、『效能提升法』這 4 個工具和方法。接著再來羅列『為什麼』的內容：時間管理的重要性，時間管理的目的。最後來羅列『是什麼』的內容：時間的特性、時間管理四個發展歷程、時間管理四象限分析、時間管理的六個概念。」王振一邊說一邊在白板上快速地寫著。而許靜則在快速地記著筆記。

「這樣羅列好之後，課程的一級大綱就出來了。」王振為剛剛寫好的課程內容加了幾個框框，『時間管理』這門課程的一級大綱就出來了。

「時間管理」課程的一級大綱

課綱梳理思路	一級大綱
是什麼	時間的特性
	時間管理四個象限發展歷程
	時間管理四象限分析
	時間管理的六個概念
為什麼	時間管理的重要性
	時間管理的目的
怎麼樣	艾維・李的效率法
	一週時間運籌法
	提高效率的三個問題
	效能提升法

　　「再把一級大綱的內容再做細分，產出二級大綱，這樣『時間管理』這門課程的大綱就已經基本成型了。」王振補充道。

《時間管理》課程的一二級大綱

課綱梳理思路	一級大綱	二級大綱
是什麼	時間的特性	無法儲存 無法取代 供給毫無彈性 無法失而復得
	時間管理四個象限發展歷程	第一代：時間增加和備忘錄 第二代：工作計畫和時間表 第三代：排列優先順序以追求效率 第四代：以重要性為導向，價值導向、目標導向，結果導向
	時間管理四象限分析	重要性高，緊迫性高 重要性低，緊迫性低 重要性低，緊迫性低 重要性高，緊迫性低
是什麼	時間管理的六個概念	消費與投資 機遇與選擇 應變與轉變 效率與成效 緊急與重要 反應與預應

課綱梳理思路	一級大綱	二級大綱
為什麼	時間管理的重要性	有效時間管理可減輕工作壓力 有效時間管理可思考工作計畫 有效時間管理可提供組織效能 有效時間管理可促進目標達成
為什麼	時間管理的目的	時間管理就是達到「三效」：效率、效果、效能 效果：是確定的期待結果 效率：適用最小的代價或花費所獲得的結果 效能：是用最小的代價或花費，獲得最佳的期待結果
怎麼樣	艾維·李的效率法	10 分鐘 6 件事的思維 用 5 分鐘列出下月要做的 6 件事 再用 5 分鐘時間按照重要性排序 6 件事 寫在卡片上並貼在辦公桌上指導工作

課綱梳理思路	一級大綱	二級大綱
怎麼樣	一週時間運籌法	一週 7 天的時間記錄表（紀錄 2 週左右） 上午、下午、晚上全程記錄你的工作和生活時間 找到自己耗費時間的盲點 對未來時間管理有重要的指導意義
	提高效率的三個問題	能不能取消它？ 它能不能與別的工作合併？ 能不簡單的事情替代它？
	效能提升法	緊急又重要的事情馬上就做 緊急不重要的事情授權去做 重要不緊急的事情計劃做 不緊急不重要的事不做

「這個方法做出課程框架和大綱還真是挺快的呢！」許靜不無佩服地說。

「是的，這樣的方法會讓妳的思路比較清晰，且簡單易做。只是在實際操作中，最好要圍繞員工的關鍵任務來進行內容組織，這樣效果會好些。」

「什麼是關鍵任務，王經理？」許靜滿臉疑惑。

「簡單地說，一個職位有很多工，有一些是屬於關鍵任務，培訓就要找那最關鍵的 20% 的任務，把這些任務學會

了，就會做其他的任務了。而且基於關鍵任務的教學，是只講目前這個模組需要的知識，其他知識暫時用不到的就不講。」王振摸了下鼻子繼續說道，「妳看比如我在教妳如何授課的這個過程，就是基於關鍵任務的教學。一個老師要上好課需要學很多知識，什麼認知心理學、組織行為學、教學設計原理等，光書籍可能就有幾十本，但我並沒有把這些訊息一股腦兒都教給妳，而只是教當下妳需要的知識點和內容，這就是基於關鍵任務的教學。」

「對接教學這個任務，只教和現在目的相關的內容，這樣我學會之後就能勝任教學這個工作，同時也不會因為學習過多的知識點而迷失自己。」許靜補充道。

「是這個意思，所以要圍繞關鍵任務進行教學。同時妳在對課程大綱進行分解的時候，最好也能夠去和相應的業務專家做一些訪談。」

「為什麼要去訪談他們呢？」許靜問道。

「如果妳去訪談業務專家，萃取他們身上做這個事情的成功之處，或者失敗之處，然後把這些知識作為妳的課程內容進行呈現，就會非常貼合學員的工作實際；學員只要學習了專家的這些成功之處，那麼也能縮短他們在職位上獨當一面的培養時間；同時學習專家的失敗之處，也能避免此類事情的再度發生。如果沒有去提煉和總結專家身上的經驗，作為妳的課程梳理的內容，妳會習慣性地按照自己的思路和現有

的知識儲備去分解和規劃內容，這樣的課程和公司的現狀貼合就比較弱，不容易引起學員的共鳴，不夠落實。」

「我明白了，王經理，這個方法雖然能快速整理出課程大綱和框架，但是一些關鍵步驟還是不能少的，所謂快而好。」許靜說道。

第四章　充分準備（二）

「上一次我們講了內容的準備，今天我們接著再來講一講老師的心態素養準備。」王振起了個頭，「內訓師的心態素養一共有四項。」王振一邊說著，一邊在白板上畫了個圖。

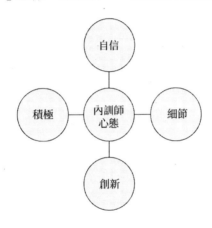

內訓師的四大心態素養

「首先，內訓師要自信，其實要關注細節，還要有創新意識，並且要積極，意願要高。」王振結合這個模型做著簡單的解釋，然後遞給許靜一張紙。

許靜拿過來一看，上面是四個心態的解釋，同時每一個心態都附有一兩個案例，以期讓她對四種心態有更加直觀的認識。

心態	解釋
自信	身為一位授課老師，自信是其基礎，也是非常重要的一項心態。自新表現為老師對自己所授課程內容的自信、對自己在所研究專業領域的成果的自信、對學員在課堂中的各種行為和表現展現出自信。一位自信的老師能夠在臺上展現其應有的魅力，並帶領學員到達他們不曾到過的高度。

[案例] 疤痕實驗

這是一個著名的心理學實驗，在西方，心理學家做過這樣一個試驗，一個人剛經歷了一場車禍，所幸並無大礙，心理學家在這個人的臉上畫了一個很大並且十分醜陋的「疤痕」，並讓他照了鏡子，心理學家對他說：「很遺憾你現在臉上有這樣一個疤。」然後把鏡子拿開了，這個人非常沮喪。專家對他說：「現在我在你的疤痕上搽點藥水。」（實際上專家把畫上去的假疤痕擦掉了，這個人的臉是完好的並且樣貌英俊）專家告訴他，等一下有一些人會來看他。專家離開後，一會兒果然陸陸續續來了一些人看他，後來心理學家走進來問這個人對看望他的人有什麼看法。他顯得沮喪極了，甚至有些暴躁地告訴專家：「他們所有人對我都很不友好，很不耐煩，他們都討厭我，厭惡我的疤。」

臉上並沒有疤痕的他，為什麼會這樣呢？不正是因為他失去了自信嗎？

[案例] 心靈之花

　　故事發生在加拿大的一個小鎮，小鎮上有一個女孩，從小失去父親，與母親相依為命，過著貧寒的日子。她從來沒有穿過漂亮的衣服，更沒有戴過首飾，她很自卑，覺得自己長得難看又寒酸；走路時總是低著頭，害怕別人的眼光；她一直暗戀一個男孩，卻覺得那個男孩永遠不可能注意她，自己是那麼平凡，別人都比她漂亮。

　　在她 17 歲生日那天，媽媽破天荒給了她 20 塊錢，讓她去買點她喜歡的東西；她很興奮，一時不知道該買什麼好。最後，她緊緊握著錢，來到商店，一狠心買下了那朵她渴望已久漂亮的花朵髮飾。店員幫她戴在頭上，對她說：「瞧啊，妳戴上這髮飾多漂亮！」她望著鏡子裡戴著髮飾的自己，頓時神采飛揚，她說了一聲「謝謝」，轉身就興沖沖地往外跑，在商店門口，她隱約覺得撞了一個老先生，可是她已經顧不上這些，飄飄然來到街上；她覺得街上所有人都在看她，好像都在議論：「瞧，那個女孩真是太美了，怎麼從來不知道鎮上有個這麼美麗的姑娘！」

　　迎面走過來她一直暗戀的男孩，奇蹟發生了，那個男孩竟然約她去參加舞會。

　　女孩高興極了，她想乾脆把剩下的錢再買點東西給自己吧；於是她又「飄」著回商店去，被她撞到的老先生攔住了

她，說到：「小姐，我就知道妳會回來的，瞧，妳剛剛撞掉了頭上的髮飾，我一直等著妳來拿。」

是啊，比漂亮的花朵髮飾更能裝扮我們的是自信，而自信不正是我們每個人的心靈之花嗎？

心態	解釋
細節	老師備課時，有時也要在細枝末節上下工夫，比如，一個案例素材的收集，一個練習的點評準備等。只有在細節上下足功夫，才可能給學員耳目一新的聽課感覺。 同時老師在講臺上要做到眼觀六路，耳聽八方，要能聽其言，觀其行。不斷注意學員的細微變化，並依據這些細微變化不斷調整自己的課程。 課程結束後，也要關注學員的回饋，不斷修改和完善自己的課程，你的課程才能越來越受歡迎。

[案例] 小劉的故事

小劉是一家通訊集團董事長兼總裁，身家 75 億元，手機月均銷量 45 萬部，年銷售量超 500 萬部，集團年利潤超 15 億元。

小李是小劉的大學同窗，現在是一名電子公司的技術員，月收入 20,000 元。小李與小劉原本是最要好的大學同學，也是一對當初同住一間宿舍、沒錢時一同挨餓的患難兄弟。然而，十多年過去，這兩個興趣相投、愛好相近的患難兄弟，其命運為什麼會產生如此大的落差呢？近日，有人訪

問小李，從他的反思中找到了一個令人感悟頗深的原因。

4 年同窗，最煩就是小劉喜歡「小題大做」。小李曾經十分看不慣大學同學小劉在小事上的認真，但他萬萬沒有想到，正是這種差別，使得小劉如今成了身家 75 億元的大老闆，而自己卻仍然是月薪不過 20,000 元的普通職員！

大二下學期，為了賺取生活費用，小劉提出利用晚自習後的時間，到各個男生宿舍賣牛奶和麵包。兩人進行了分工，小李負責去第三、四棟男生宿舍推銷，小劉則負責第五、六棟宿舍。剛開始，兩人每晚都能賺一兩百元，但不久小劉的錢越賺越多，小李卻越賺越少。小李不服氣，但兩人調換推銷宿舍後，小劉每晚還是能多賺一兩百元，而小李依然越賺越少。一天，小劉看到小李穿著一身溼透了的球衣，抱著食物箱就準備出門，他才恍然大悟地說：「你太不注意細節了。像你這樣髒兮兮的，誰敢買你的食品呀？」小李此後聽從了小劉的建議，每晚出門前將自己收拾得乾乾淨淨，一段時間後，他的「生意」果然漸漸好了起來。

這件事後，小李有些佩服小劉注意細節的優點了。畢業後，兩個同窗好友坐上了火車，去尋找更好的機會……

兩人去科技公司應徵技術員。出門前，小李不慎碰翻水杯，將兩人的履歷浸溼了。他們將履歷放在電風扇前吹乾後，小李把履歷和其他一些東西放進了背包裡，就連連催小劉快走。但小劉卻將履歷夾進一本書裡，又認真地壓平整，才雙手

將書捧在胸前出門。小李不由埋怨說：「你真會拖拖拉拉！」

到了公司的面試現場，負責面試的副總經過與兩人交談，對兩人良好的專業知識很滿意。然而，當他們遞上履歷時，小李的履歷不僅有一片水漬，且放在背包裡一揉，加上鑰匙的痕跡，已經不成樣子了。那位副總不由皺了皺眉頭。到了下午，小劉被通知去面試，並且成功錄取。沒得到面試機會的小李急得快哭了！小劉便說：「我們去問問吧！」當他們詢問時，那位副總馬上反問小李：「你連自己的履歷都沒能力保管好，我怎能相信你工作上的能力？」一旁的小劉斗膽說：「他是我同學，專業知識比我豐富，既然您相信我，也應該相信他……」小李這才得到了面試的機會。好在面試時表現不錯，小李最終也和小劉一樣被公司聘為技術員。

上班後，兩人又同住一間宿舍，一同上下班，一起吃飯，一起抽菸，甚至湊錢買了一套西裝輪流穿，工作上也互相幫忙。1995 年 6 月底，技術主管讓兩人各自設計一套程式。小李憑著豐富的專業知識，一個晚上就完成了。次日上午，他在宿舍裡美美地睡了一覺，下午一進辦公室，發現雙眼充滿血絲的小劉仍在埋頭查資料，他便說：「你還愛磨蹭！我來幫你吧！」在他的幫助下，小劉下午也完成了設計。小李說：「差不多了，休息吧。」說完，他便又回到宿舍睡覺去了。

小李離開後，已經兩天一夜沒睡覺的小劉又將程式檢查了好幾遍，即便覺得沒有瑕疵了，他還是將圖重新謄寫了一

遍，直到自己滿意才罷休。第二天，技術主管看了圖紙後，說：「從你們交上來的圖紙來看，小李的專業基礎很扎實，但圖紙潦草、髒亂，對於工作太急躁了；小劉的圖紙一絲不苟，做事踏實，令人放心……」小李不服氣地想：圖紙你看得懂不就行了，幹嘛非要清潔乾淨不可？真是吹毛求疵！

不久，為了製圖方便，技術部準備更換一臺新電腦，需要由他們在報告上簽名。報告寫好後，小李大筆一揮，將自己的名字簽得老大。小劉提醒說：「你的簽名這麼大，主管的名字往哪裡寫？再重新寫一份報告吧。」小李卻說：「你太小題大作了吧？他們隨便簽在哪兒不行嗎？」

1995 年 10 月底，技術部一臺車床啟動時，起落架無法收回，導致無法運轉。主管技術的副總檢查後，發現原來是起落架上的插銷沒有拔出。故障排除後，小劉寫了一份標準操作規範貼在機器上，不但寫清不要忘記拔插銷，而且對插銷要怎麼拔，拔出後後退幾步、放在何處，都寫得清清楚楚。小李不屑地說：「你這不是多此一舉嗎？大家有了教訓，應該已經記在心裡了。」然而，副總來檢查工作時，看到這張注意事項，高興地說：「寫得好，如果都像你一樣，留下注意事項，新員工就會避免犯同樣的錯誤了。」

一天晚上，小劉一邊與小李下棋時，一邊打電話對公司行政人員再三叮囑：「從東莞去廣州，你一定要替他買靠右邊窗口的車票，這樣他坐在車上就可以看到鳳凰山；如果他去

深圳，你就要替他買左邊靠窗的票……」小李不解地問：「你到底接待誰呀，這樣婆婆媽媽的？」小劉說：「Ａ公司的楊總，他出門時不喜歡坐汽車而喜歡坐火車。這樣，他一路可以欣賞鳳凰山的風景。」小李笑道：「這些小事你也放在心裡，累不累？」但令他沒有想到的是，這件小事竟然為公司帶來了 2,000 萬元的業務。

原來，4 個月後，楊總在和小劉聊天時，無意中問起這個問題。小劉說：「火車往廣州時，鳳凰山在您的右邊。車往深圳時，鳳凰山在您的左邊。我想，您在路上一定喜歡看鳳凰山的景色，所以替您買了不同的票。」楊總聽了大受感動，說：「真想不到，你們居然這麼注重細節，和你們合作，可以讓我放心了！」楊總當即將本已決定交給別的公司的 2,000 萬元訂單，改交給了小劉。小李聽說此事後，心裡也很震撼！

2002 年 7 月的一天，小李與小劉在某地相遇。小劉告訴小李，自己準備辭職，籌資成立一家屬於自己的通訊設備公司，並邀小李和他一起做，但小李搖了搖頭，說：「我已經買了房子，不想再奔波了……」

此後，小劉招兵買馬，建立了通訊公司。一晃 7 年過去，小李仍只是一個技術員，依然擠公車上下班；而小劉貴為集團的總裁，開著賓士轎車，成了億萬富翁。

2009 年 3 月，小李原先工作的公司由於受金融風暴的影

響破產了，小李只得另找工作。此時，小劉的公司已成為手機企業的重要品牌，他自己身家 75 億元。小李想過請昔日的哥們小劉幫助自己謀一份職位，卻又覺得沒臉相求。2009 年 9 月，他在一家電子公司重新找到了工作，月薪 20,000 元。

接受採訪時，小李反省說：「以前，我總覺得小劉職務扶搖直上，事業飛黃騰達，是一種偶然和幸運；我現在才明白，是因為他凡事注意細節、不斷進步。細節決定命運啊！」

細節決定命運，小李的反思確實有道理！無論在生活中，還是在工作上，是否能夠注重細節，絕對影響著我們每個人的命運。年少時同樣高矮的夥伴，每個月可能只會比自己高一公釐，差距毫不起眼，但十年八年後，他可能就會長成巨人，而自己卻形同侏儒。小劉的成功，肯定是因為他有很多優點，但他在職場從起步到成為老闆這個人生最重要的跨越階段，注重細節，絕對是他贏取人生每一步的重要原因。因為，注重細節不僅僅是一種習慣，更是一種高級職業精神，它能引領你不斷完善自己的人格和能力，一步步走向成功！小劉的成功經驗，值得我們每個職場人學習和深思！

心態	解釋
創新	對丁老師來說，每一次上課都是現場直播，都是沒辦法的，因此可以說每次上課都是創新，因為每次上課的學員都不一樣，碰到的情況可能也不一樣，但是同樣的情況對有些老師來說，就不是創新，因為即使學員不一樣，老師還是用同樣方式在上課，這對學員來說就是煎熬。 創新展現在老師嘗試用不同的方式對同一內容做不一樣的演繹呈現，創新展現在老師用新的角度來看待一個知識點，創新展現在老師把課程內容做了重新的排序，創新無處不在，重在老師求新求變，不斷做好現有資源重新的排列組合。

［案例］牙膏開口擴大 1mm

美國有一家生產牙膏的公司，產品優良，包裝精美，深受廣大消費者的喜愛，每年營業額蒸蒸日上。

紀錄顯示，前 10 年每年的營業增長率為 10% 到 20%，令董事部雀躍萬分。不過，業績進入第 11 年、第 12 年及第 13 年時，則停滯下來，每個月維持同樣的數字。

董事部對此 3 年的業績表現感到不滿，便召開全國經理級高層會議，以商討對策。

會議中，有名年輕經理站起來，揚了揚手中的一張紙對董事部說：「我有個建議，若您要使用我的建議，必須另付我 5 萬元！」

總裁聽了很生氣說：「我每個月都支付你薪水，另有紅包獎勵。現在叫你來開會討論，你還要另外要求 5 萬元，是否過分？」

「總裁先生，請別誤會。若我的建議行不通，您可以將它丟棄，一毛錢也不必付。」年輕的經理解釋說。

「好！」總裁接過那張紙後，閱畢，馬上簽了一張 5 萬元支票給那位年輕經理。

那張紙上只寫了一句話：將現有的牙膏開口擴大 1mm。

總裁馬上下令更換新的包裝。

試想，每天早上，每個消費者多用 1mm 開口擠出的牙膏，每天牙膏的消費量將多出多少倍呢？

這個決定使該公司第 14 年的營業額增加了 32%。

心態	解釋
積極	企業內訓師是一項很累、很辛苦，甚至吃力不討好的工作。因為它只是你的一個額外工作，而且要做好，還會占用大量的業餘時間。 但無論做什麼事，意願都是第一要素，意願高，能力低，可以勤能補拙，如果意願低，能力即使再高，也未必會做到最好。 既然能脫穎而出成為內訓師，說明你是有這方面能力的，何不讓自己更積極點，成就另一個講臺上的自己。

「看過一些心態的內容和案例故事後，我想交給妳一個課

後作業，妳要思考一下，這些案例帶給妳什麼啟示，以及這些啟示對妳未來備課、授課有什麼樣的促進作用。妳回去想一想，可以在一星期內找我談談妳的感受和啟發，或者是發郵件給我。可以做到嗎？」王振詢問許靜。

「沒問題。正好這也是一個自我修練的過程，到時候我就當面找你把我的想法告訴你吧！」許靜爽快地答應了。

「好的，那接下來我們再花點時間來講講設備上的準備。設備上的準備主要有兩項。一項是培訓場地布置的準備，一項是常用設備的準備。首先來講講培訓場地的布置。培訓場地的布局原則是最大限度的舒適和參與。學員的座位設定以保證目光自然交流通暢為宜。不要太擁擠，但也不要讓他們坐得過於疏遠。那種『遙遠距離的感覺』可能導致討論不足。即便學員不一定會寫很多字，桌子上也要有足夠的空間來放置 A4 紙、學員手冊和其他東西。把所有的設備、資料和輔助工具順序排放，以便能迅速取用。」講完這段話後，王振遞給許靜一張培訓場地布置的方法介紹及位置示意表。

培訓場地布置方法

培訓場地布置方法	適用人數	優點	缺點
劇院式	30 人以上（人數上限依教室大小）	最大化地利用教室空間，座位較整齊有序	不利於內訓師與學員、學員與學員之間的交流
小組式	20 到 40 人	便於小組競賽、討論分享和交流	容易形成小組的故步自封
圓形	10 到 25 人	適合開放的遊戲或分享互動	不利於內訓師的控場
開放的長方形	15 到 30 人	方便內訓師控場，和學員溝通，可用於討論、遊戲和互動	對教室的面積有一定的要求
U 形椅子排列	10 到 20 人	適用遊戲、討論等開放式的授課方式，方便內訓師和學員的交流	暫無

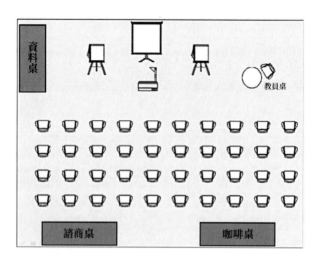

劇院式

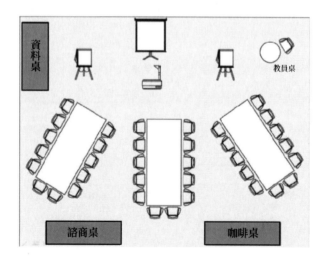

小組式

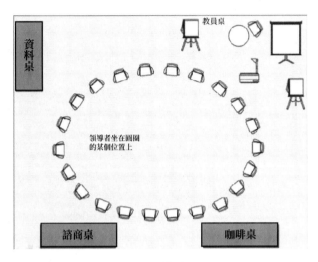

圓形排列

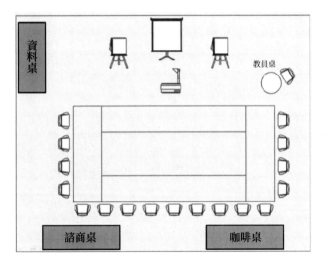

開放的長方形

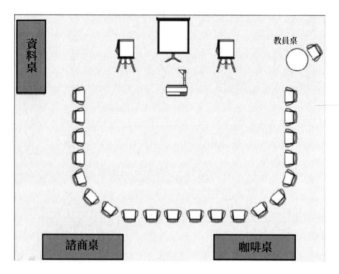

U 形椅子排列

　　拿著這張表格和示意圖，許靜越看越驚訝，她沒想到光一個座位的擺放都有那麼多的學問。「真是越學越發現自己懂得少！」她不禁發出了這樣的一聲感嘆。

　　「是的，不同的座位擺放會適應不同的授課形式，所取得的現場效果也是不一樣的。而且很多擺放是要妳自己親自嘗試之後才會更有感觸，這個表格只是讓妳對照一下，讓妳知道有這麼多種方法，下次需要的時候可以擺出相應的形狀。」王振微笑著說。

　　「謝謝王經理。」許靜顯然對王振毫無保留的分享很感動，覺得自己碰到了一個好主管。

「來，再給妳看看設備的第二項準備事項 —— 常用設備的準備事項。」王振又遞給許靜一張滿是文字的紙。

1. 白板

使用白板的基本技巧

技巧	說明
正確	多準備各種顏色的白板筆，準備好白板擦 授課前可在白板一角先寫寫試試，確保不是麥克筆，是可擦除的白板筆 字盡量寫大一些，確保學員多的情況下每個人都能夠看清楚 用好白板筆記得馬上蓋筆蓋，防止水分蒸發，寫不出字 側身寫字，可以一邊寫字，一邊和學員進行交流
不正確	板書過於潦草，學員看不清楚 完全背對學員寫板書，沒有和學員交流 一次板書的內容過多，導致學員接受疲勞

2. 翻頁板

上課中使用翻頁板的技巧

技巧	說明
正確	確保翻頁板的擺放位置，使學員都能較清楚地看到上面的內容 為每塊翻頁板都配置不同顏色的白板筆和白板擦，方便學員使用 翻頁板暫不使用時，可移至教室角落，不影響學員聽課 小組討論時，每組可以在翻頁板上記錄各組的資訊 資訊量較大時，翻頁板亦可加裝大白報紙，方便書寫和翻頁 小組學員寫好的大白報紙，也可夾到翻頁板上進行分享和交流
不正確	翻頁板擺放位置不妥當，遮擋學員聽課的視線 沒有為翻頁板配備相應的白板筆或配備了不可擦去的麥克筆 過度關注翻頁板，而忽略了和學員的交流和討論

3. 簡報筆

使用簡報筆的技巧

技巧	說明
正確	當需要指名投影布幕的相關資訊時，按住簡報筆的雷射光按鈕，將射出的紅點／綠點停留在相關資訊上，來輔助教學 雷射光射出的紅點／綠點可在相關資訊上適當地來回移動，著重強調，但不要快速地來回閃動，以免擾亂視聽 注意簡報筆的電量，以免操作失靈 簡報筆不用時，要注意拿捏的方法，以免不慎按住操作鍵，導致投影片內容快速跳轉
不正確	以簡報筆的雷射光指向學員 雷射光圍繞重點內容和資訊來回用力晃動 簡報筆的操作不熟練，需要經常看著按鍵操作

4. 投影機

使用投影機的技巧

技巧	說明
正確	投影機開機需要預熱幾分鐘，為不影響正常授課，須提前進行開機預熱 長時間不用時，要關閉投影機，延長燈泡壽命 關機後，切勿馬上切斷電源，等待機器散熱，風扇停轉 投影機的電源線請隱藏放置，以免絆腳摔壞機器
不正確	投影機的電源線暴露在走道的地面上 投影機關機後立刻切斷電源

「有了這個表格，在這些常用設備上我就不會走彎路了。如果不系統學習一下的話，還真有一些盲點。看來又要消化兩天了。」許靜自言自語地說。

「所以我才把這些影印給妳嘛，方便妳隨時檢視，溫故知新。」王振提醒道。

「謝謝王經理，你太用心了，我感覺我如果學不好都對不起你啊！」許靜語重心長地說。

「只要投入了，其實不難，每天花點時間就可以了。那今天我們就學到這？我要去開會了。」

「好的，謝謝王經理！」

第五講　培訓實施（上）

自我介紹

「前面幾節課我們都講了一些基礎準備的事項，從這一節課開始，我們要進入到正式授課環節的教學了。只有前面的基礎打扎實了，後面才能跑得更快。妳期待後面的內容嗎？」王振問許靜。

「那是相當期待！」許靜模仿起了宋丹丹的口吻。

這可把王振逗樂了。他發現眼前這個姑娘不僅學習意願高漲，而且還時不時展現幽默，這也是做老師一個非常好的特質。老師就要保持一些幽默感，才能更好地吸引學員參與課程。

「那我問妳，妳覺得課程一開始老師一般會做什麼？」王振又拋了一個問題給許靜。

「我檢視了一些資料。課程一開始老師好像要和學員建立連繫，所以得做破冰暖場或者是自我介紹吧。」許靜回答得很順暢。

「看得出妳平時還是花了一些功夫，問題回答得很專業，也很到位！」王振對許靜豎了個大拇指。

得到了老師的稱讚，許靜很高興，覺得自己晚上學習、充電的時間沒有白費，還是很有成效的。

「那我們就先來講講自我介紹吧。妳一般是怎麼介紹自己的？」

「我啊，我一般就這樣說。」許靜站了起來，清了清嗓子，「我叫許靜，許是言午許的許，靜是安靜的靜，希望我的名字可以給你帶來許多安靜！怎麼樣？」剛一說完，許靜就迫不及待地徵求王振對自己的看法。

「名字是一個人的特殊符號，是代表這個人的一個重要稱謂。」王振並沒有正面回答許靜的問題，而是繼續往下說，他要讓許靜在自己的話語中找到答案，「內訓師開場做自我介紹，可以讓學員快速認識老師，建立親和力和專業厚重感。那麼用什麼方法可以讓學員聽過自我介紹後能留下深刻、美好的第一印象呢？」王振自問自答，「接下來我告訴妳 3 種自我介紹的方法：畫面描述法、故事法、訊息選擇法。3 種方法的共同點就是增加介紹內容的資訊量，包含更多個人的特點，使之較立體全面地呈現給學員，讓學員更了解妳，從而搭建授課溝通交流的橋梁，使妳的介紹能和妳所講的主題產生關聯，還能順暢地匯入課程主題。」說完王振就站起來在白板上把 3 種方法寫了下來。

◆ 畫面描述法

◆ 故事法

◆ 訊息選擇法

看許靜記得差不多了。王振繼續往下說：「畫面描述法顧名思義，就是用妳的名字描繪一幅唯妙唯肖的畫面，從而讓學員產生興趣，並用畫面加深印象，以求快速記住妳的名字。」王振在白板上寫了 3 個字：蕭何白。「舉個例子，之前有位學員叫蕭何白。他是這樣做自我介紹的。想像現在大家都在自家的客廳欣賞著金庸的武俠連續劇，這時候電視畫面中出現了一位英俊的白衣少年，20 歲左右，坐在河邊，神情淡定地吹著簫，細心聽去，正是一曲〈春江花月夜〉。這就是我，我叫蕭何白，在河邊穿白衣服吹簫的英俊少年，今天分享給大家的主題是『五線譜基礎課程』。」

　　「這畫面感的自我介紹聽上去很唯美啊，原來姓名介紹還可以這麼有文藝氣息啊！」許靜發出了一連串的感慨，「什麼時候我也為自己的名字想個畫面感的自我介紹。」

　　「這個可以用。」王振也模仿趙本山的聲音回應了許靜。

　　「第二個方法叫故事法。就是用一個故事講述妳名字的由來。比如，有位學員叫錢俊生。他是這樣自我介紹的。大家好，我叫錢俊生。有錢讓妳更英俊瀟灑，生活多彩多姿。小的時候我問媽媽我的名字是怎麼來的。我媽告訴我說，她和爸教育程度都不高，小學也沒畢業，所以就一直為取名字的事情煩惱，後來就借來一本字典，準備兩人翻字典，翻到某一頁最上面的那個字就是我的名字了。於是我媽媽翻到了一個『生』字，我爸爸翻到了一個『俊』字。接著就開始組合

我的名字了，到底是錢生俊呢？還是錢俊生？當時我爸覺得錢生俊這個名字比較俗氣，他覺得心靈美更重要。所以我的名字『錢俊生』就是這樣來的。其實我們在座每一位的名字都是一種創新，都是把現有的文字做重新的排列組合，才出現了這麼多名字和稱謂。因此創新並不難，今天我們就來分享『顛覆創新的 8 種方法』這門課程。」

「故事法也不錯，大家都喜歡聽故事，聽個故事就把你的名字記住了，也蠻好的。」許靜拍手說道。

「第三個方法叫訊息選擇法。訊息選擇法就是把個人的特點羅列出 4 到 5 項，其中一條是假的，讓學員去猜哪條是假的，然後內訓師公布答案並逐條解說。讓學員參與挖掘訊息，了解老師，是一種非常不錯的自我介紹方法。」

「這個一開始還有點懸疑的味道呢！」許靜說道。

「是的，這樣才會讓學員一開始就融入課程嘛。我舉個例子。有位內訓師在課程一開始就在 PPT 上打上了這麼幾條訊息。

◆ 在 3 家 500 大企業有超過 8 年以上的工作經驗。

◆ 到現在為止，總共被狗咬過 5 次。

◆ 是一對雙胞胎女兒的父親。

◆ 3 年前拿到了跆拳道黑帶 6 段。

◆ 上課 5 年走了 500 多個鄉鎮。

「然後他告訴學員這 5 項訊息裡有一項是假的，讓學員把那項假的選出來。」

「這個自我介紹真的很有趣，看這麼多有趣的訊息大家都想著去猜一猜。這種方式連破冰暖場都省了，直接就把場子炒熱了。」許靜看起來很喜歡這種自我介紹的方式。

「是的，這 3 種自我介紹都蠻有意思的，都可以讓妳在一開始給學員耳目一新的感覺，同時把自己隆重推薦給學員。建議這 3 種自我介紹的方法妳可以各設計一個，這樣可以每次都有新意，根據不同的學員、不同的場景來挑選使用，妳會收到不一樣的回饋的。」王振建議道。

「好的，我都有點迫不及待了。哈哈。」許靜摩拳擦掌，躍躍欲試。

暖場破冰技巧

「講完了自我介紹的 3 種方法之後，我們再來講一講暖場破冰的技巧。」王振想趁熱打鐵，多分享一些技術和方法給許靜。

「暖場破冰？聽字面意思好像就是讓學員參與到課程中來，樹立積極上課的心態，是嗎？」許靜提出了自己的想法。

「可以這麼說吧。透過暖場破冰這個環節，解除學員僵硬、冷漠、緊張、抗拒之心態，然後再激發學習的動機，為課程的順利開展奠定基礎。」王振停頓了一下繼續說道，「所

以暖場破冰環節就需要老師用一些活動、遊戲等方式引導學員慢慢融入課程，與老師之間產生信任感，進而才能讓學員真正願意去聆聽老師課程的精彩內容。

「那具體該怎麼做呢？有沒有比較好的方法，王經理？」許靜虛心求教。

「一般來說暖場破冰技巧是要獲取學員的注意力，讓學員的注意力能夠關注到課堂中來，同時要透過暖場破冰建立學員和學員的連繫或者是建立學員和內容的連繫。暖場破冰一般有以下幾種方式。」王振說著就起身來到白板邊，寫下了幾種暖場破冰的方法。

◆ 互動猜謎
◆ 起立握手
◆ 遊戲互動
◆ 深度交流

王振看到許靜快速地做著筆記，就繼續說道：「同時設計的暖場破冰技巧也有很多種的互動形式。」他在白板上寫下了幾種互動的方式。

◆ 2 到 3 人互動
◆ 小組內部的互動
◆ 全班互動

「關於上述四種暖場破冰技巧的活動設計，我有一些例子妳可以看看。」說完王振遞給許靜一份 A4 紙大小的 Word 文件。許靜伸手接了過來，發現上面對 4 種暖場破冰的技巧都用例子做了比較詳細的說明。

1. 互動猜謎

指學員以動畫或文字等表現形式，描述自己的工作或生活狀態，讓其他學員參與猜測的一種互動方式。此方法可增進學員之間彼此的了解和認知。

互動猜謎舉例：我的工作生活像什麼？

活動介紹：請每位學員在 A4 紙中間畫兩條直線，將 A4 紙平均分成四個象限。其中兩個象限涉及工作的描述，兩個象限涉及生活的描述。不是用文字進行描述，而是用 4 幅圖畫來描述自己的工作和生活。畫好之後在小組內輪流分享，讓其他學員猜想這幅圖畫所代表的含義，並由小組成員推選最有創意的一位學員代表小組登臺做分享。

活動變化：也可把 A4 紙平均分成兩部分。工作一部分，生活一部分。畫兩幅圖畫來讓學員猜。

所需材料：若干 A4 紙。

2. 起立握手

讓學員透過起立握手進行互動交流，可加入競賽的元素

增加握手活動的趣味性。

起立握手舉例：握手競賽

活動介紹：講師限定時間，如 1 分鐘。讓學員起立之後在班級內找到盡可能多的學員和他握手，同時自信、愉悅地說出：「××同學，早安（或午安），今天很高興和你一起學習！」看在 1 分鐘的時間內誰握的手最多？

活動變化：上述的握手環節可活躍課堂氣氛，增進學員之間的感情。如還想進一步引導學員的心態建設，還可統計剛剛活動中學員握手的數量，請學員舉手表決，並把握手數量最多的那位學員請上臺，訪談其獲得第一名的祕訣是什麼？都做了什麼？透過這位學員的分享可以引導學員以積極的心態投入課程，而不是消極被動。因為積極投入會讓自己的學習效果更好，時間利用更有效率。

所需材料：可適當準備小禮物，獎勵優勝的學員。

3. 遊戲互動

讓學員參與遊戲來達到活躍氣氛，讓學員迅速融入課程的目的。同時透過最後的總結和收尾，使遊戲活動能與課程主題產生關聯，並對學員有所啟發。

(1) 遊戲互動舉例 1：大樹與松鼠

活動介紹：事先分組，三人一組。兩人扮大樹，面對對

方，伸出雙手搭成一個圓圈；一人扮松鼠，並站在圓圈中間；內訓師或其他沒成對的學員擔任臨時人員。

內訓師喊：「獵人來了！」大樹不動，扮演「松鼠」的人就必須離開原來的大樹，重新選擇其他大樹；內訓師或臨時人員就臨時扮演松鼠並插到大樹當中，落單的人應表演節目。

內訓師喊：「著火了。」松鼠不動，扮演「大樹」的人就必須離開原先的同伴重新組合成一對大樹，並圈住松鼠，內訓師或臨時人員就應臨時扮演大樹，落單的人應表演節目。

內訓師喊：「地震了。」扮演大樹和松鼠的人全部打散並重新組合，扮演大樹的人也可扮演松鼠，松鼠也可扮演大樹，內訓師可插入其他沒成對的人中擔當「大樹」或「松鼠」，落單的人表演節目。

所需材料：無

(2)遊戲互動舉例：一塊錢和兩塊錢

活動介紹：根據男女學員不同比例分配，如果男生遠遠大於女生比例的話，女生就當「2塊錢」而男生則是「1塊錢」；如果女生比例遠遠大於男生的話，女生就當「1塊錢」而男生則是「2塊錢」。

根據培訓師說的錢數，所有學員組成相應的數字，沒組成符合要求的數字的，均被淘汰。比如，培訓師喊7塊錢，部分學員就組成一個小組，這個小組所有人的面值加起來應該是7

塊錢，沒有組成小組的學員將被淘汰。剩下的人繼續組合，直到 4 到 5 人為止，遊戲結束，頒發獎品給剩下來的人。

所需材料：若干小獎品。

(3) 遊戲互動舉例：撕紙遊戲

活動介紹：

1) 發一張紙給每位學員；

2) 培訓師發出單項指令。

A. 大家閉上眼睛；

B. 全程不能問問題；

C. 把紙對折；

D. 再對折；

E. 再對折；

F. 把右上角撕下來，轉 180 度，把左上角也撕下來；

G. 睜開眼睛，把紙開啟；

H. 培訓師會發現各種答案。

(3) 這時培訓師可以請一位學員上來，重複上述的指令，唯一不同的是這次學員們可以問問題。

第二輪結束後學員間撕紙後最終呈現的形狀重複率很高。

所需材料：至少是學員人數兩倍數量的 A4 紙（回收紙亦可）

4. 深度交流

增進學員之間的了解，加強學員彼此的互動。讓學員的思想和資訊等得到充分的交流和分享。

(1) 深度交流舉例 1：交換鈔票

活動介紹：向一個團隊成員借 1 塊錢，將借來的錢拿在手中向大家展示一下，然後向另外一個人借 1 塊錢。將借來的第二筆錢還給第一個人，借來的第一筆錢還給第二個人。反問大家：「這兩個人中難道沒有人比以前有了更多的錢嗎？」（當然沒有）然後向整個團隊指出，與上面的情況相比較，如果有兩個主意被分享，那麼不僅是提供這些主意的一方，而且所有的團隊成員都能夠獲得一些經驗。

所需材料：無

(2) 深度交流舉例：bingo 遊戲

活動介紹：發一份影印有如下表格內容的 A4 紙給每位學員（見下表）。請學員起立後在教室內互相採訪學員，詢問其他學員是否有符合以下任意選項的，如果有，比如某一位同學他會跳舞，那就請他在這個項目下面簽個名。看誰能在任意橫的或者任意直的或者是對角線的四個格子把名字簽

好，就可以獲得獎勵或加分。（比如某位學員把養寵物、會唱劉德華的歌、戴戒指、足球迷這四個專案的名字簽好了。那就說明這一行已經簽好了。最快完成的就可以拿到獎勵。）

同時老師要檢驗這位學員是否有作弊嫌疑，或者為了確保遊戲的公平性。老師要對遊戲結果進行檢驗，比如，請在「會唱劉德華的歌」的那個項目方框內簽名的學員到講臺上來一展歌喉，檢驗其是否符合標準。只有在符合標準的情況下，才能實施相應的獎勵。

所需材料：事先影印好表格。同時此活動要求學員人數較多，至少 35 位以上才能確保活動較順利進行。

bingo 遊戲

會跳舞	用三星手機	四月生日	2 個以上 LINE 帳號
看過《鐵達尼號》	有兄弟姊妹	玩自拍	玩 IG
養寵物	會唱劉德華的歌	戴戒指	足球迷
會講三國語言	屬牛的	有酒窩	會變魔術

「有何疑問嗎？」王振等許靜看完之後，問道。

「暫時沒有，王經理，寫得蠻清楚的。」許靜肯定地說。

「那就好，這些活動基本可以確保暖場破冰有序開展。同時有了這四大類活動作為指引，也可以幫助我們更好地創新，去展開找到或發現更多的暖場破冰的技巧。」王振指了指白板上的四類暖場破冰的技巧。「暖場破冰一方面能夠讓學員更好地去除抗拒和冷漠的情緒，積極融入課程，為課程順利開展奠定基礎；同時暖場破冰如果能和課程主題產生關聯，透過總結暖場破冰而引導到課程主題，將有著更深遠的意義。」

　　許靜點點頭，表示認可。

　　「現在現場交給妳一個任務。如果要把暖場破冰引導到課程主題，需要對暖場破冰做一定的總結和提煉。請妳結合以上幾個遊戲和互動，為每個遊戲和互動做一個總結，引導到妳的主題上去。主題不限，由妳選擇。可以嗎？我給妳 10 分鐘時間。」王振徵求許靜的意見。

　　「沒問題，王經理。這正是我鍛鍊總結能力的一個機會。」許靜爽快地答應了。

　　10 分鐘過後，許靜向王振分享了她對這些活動的總結和提煉。

互動猜謎：「我的工作生活像什麼？」的總結

　　各位學員，你對你所畫的圖畫肯定是有自己的解讀和含義的，對嗎？同時你也希望他人也能夠透過這幅畫得出和你一樣的解讀和理解，對吧？只是現實是，當我們把畫呈現在

他人面前時，只有極少數，甚至是沒有學員能夠得出和我們的結論相似的觀點和解讀，很多甚至和我們的觀點是背道而馳的。為什麼同樣一幅畫不同的人會得出不同的解讀和含義？因為成年人的思維是多樣化的，是有差異的，同一件事情不同的人會有不同的解讀。身為一名管理者，一名團隊的領導者，我們同樣也要學會在工作中包容下屬的不同觀點和不同性格；只有這樣，我們才能更客觀地面對團隊成員，更好地激發團隊成員的積極性。讓團隊朝著我們既定的方向和目標前進。所以今天我們就來講一講如何基於團隊成員的不同性格做好團隊建設這個主題。

起立握手：「握手競賽」的總結

我想請問大家，為什麼同樣 1 分鐘的時間，張三同學能夠握到 16 位同學的手，能夠握到這麼多？而有的同學只能握到個位數，甚至有的人的數量是零，比如我。為什麼我的握手數量是零呢？因為我剛剛在假裝忙碌，在做別的事情，在被動地等著大家來握我的手，所以理所當然我的握手數量就很少，因為我不夠積極。剛剛張三同學分享他是有目標的，就是想贏得勝利的，所以他握手的速度很快，同時移動的速度也很快，就獲得了第一名。張三的這個分享告訴了我們什麼？告訴我們很多時候一件事情是否能夠成功，和我們的心態是否積極有著顯著的關係。如果你夠積極，很多時候就會創造比較好的成績；如果你不夠積極，就會讓自己的成績處

於中下。有一句古話：師傅領進門，修行靠個人。你的心態就決定了你的成長速度和高度。因此，今天我分享給大家的主題是「積極心態鑄就新的人生高度」。

遊戲互動 1：「大樹與松鼠」的總結

剛剛我們看了幾位落單同學的精彩表演。請問大家，這個遊戲除了給我們一些歡聲笑語之外，還能為我們帶來什麼？各位，在剛剛的遊戲中，或許我們能夠發現一些規律。就是有些學員即使在遊戲最後，他們都沒有落單，沒有接受懲罰。而有的學員，則三番五次落單，接受懲罰？這給宇我們什麼啟示？我們可不可以把老師的每個指令比喻成是公司的改革和變化的思路？有的人對改變和變化非常敏感，能夠及時抓住改變並順勢而為，甚至有的人能領先改變，提前走位，讓自己永遠處於主動的狀態中，而有的人總會慢半拍，即使知道改變已經發生了，還是不緊不慢，或者遲鈍麻木，導致一次又一次錯過改變和提升自我的機會，同時也會遭到組織的懲罰或遺棄。那我們應該如何在改變中保持敏感度呢？如何能讓自己在改變中立於不敗之地，甚至是領先改變呢？今天我們就來學習「變革中的自我管理」這門課程。

遊戲互動 2：「一塊錢和兩塊錢」的總結

在這個遊戲中。人還是這些人。就是班上的 23 位學員，男生代表 2 元，女生代表 1 元。這個規則也是如此，那為什

麼每一次的組合幾乎都是不一樣的？而即使是不一樣的元素組合卻可以得出一樣的結果。這個遊戲就告訴我們當面對客戶的各種需求和企業下游供應鏈的各種要求時，只要我們懂得去整合不同的資源，做元素的重新排列組合，就能得出不一樣的結果。所以創新並不難，重要的是你要對自身的資源和元素充分占有，同時了解資源的不同組合所產生的不同效應。所以接下來我們來學習「高效創新」這門課程。

遊戲互動 3：「撕紙遊戲」的總結

大家有沒有思考過？為什麼第一輪的撕紙遊戲，大家的成品形狀幾乎都是不一樣的？而第二輪的撕紙遊戲之後，大家的成品形狀卻幾乎都是差不多的？因為第一輪做的更多的是單向的溝通，這樣的溝通只是灌輸式的，所以導致接收訊息的人對所聽到的內容的理解是千差萬別的，導致結果不一致。而第二輪強調的是雙向溝通，大家互通有無，平等交流，學員可以就不懂的問題向老師提問，老師可以就學員不明白的問題向他們做解釋。只有這樣，才能確保學員對所學內容的理解和接受程度。

其實在現實工作中這種情況也是會經常發生的。比如，有些內訓師上課之後，學員的收穫和提升不是很大，因為這個老師只懂得進行單向溝通和教學，忽略學員的感受和理解。而當學員能在授課中參與進來，積極引導學員參與並尋

找答案，時刻引導學員思考。這樣的課程才能讓學員醍醐灌頂，學有所成。所以我們就來學習「內訓師的高效互動引導技巧」的課程。

深度交流1：「交換鈔票」的總結

中國流傳這樣一句諺語：教會徒弟，餓死師傅。這就導致很多師傅在教徒弟的時候，會留一手。因為他覺得徒弟一旦學會了，自己也就沒飯吃了。但是透過這個遊戲之後，我們卻發現這個說法並不成立。當1塊錢在兩位學員中進行傳遞和交換之後，兩位學員並沒有增加任何財富。而當一個好的主意或點子經過兩位學員的傳遞和交換之後，這個好的主意或想法就被記在兩位學員的大腦中了。所以對於傳道授業解惑的師傅來說，他根本就不用擔心，因為他傳播的是精神和智慧，而非具體的物質財富。所以師傅的精神智慧經過和學員的碰撞，只會越來越多，越有利於師傅的經驗增長和能力提升。所以既能教好徒弟，不辱使命，同時還能透過這個過程不斷提升自己，提高自己的競爭力。接下來我們就來講講「輔導下屬的四輪驅動」這門課。

深度交流2：「bingo遊戲」的總結

透過這個小遊戲，你是不是發現了很多其他學員所喜愛的愛好或者所具有的能力？甚至擁有很多和你較類似的愛好，了解這些訊息可以幫助我們投其所好，更好地與人相處

和溝通。改進人際關係，促進交流和分享。同時身為銷售顧問，如果我們能夠及時了解一些客戶身上的資訊，是不是也能更好地與客戶進行溝通，快速與客戶建立好關係，並為客戶提供優質的綜合解決方案打下基礎。所以我們來講講「如何透過有效提問來了解客戶資訊」這門課程。

「總體來說相當不錯。說明妳的學習能力很強。」王振對許靜在這麼短的時間內能夠給出這麼幾個較完整的總結和提煉很欣慰，也對許靜的學習力表示肯定和讚美，「當妳會做總結後，妳就能將暖場破冰的 4 種方式引導到妳所想要講授的主題上來，使學員不僅透過活動放鬆和愉悅自己，同時還能時刻連接主題，無縫連結到授課主題上來。」「謝謝王經理的肯定，我會繼續努力的！」得到王振的誇獎，許靜心裡很滿意，同時也激發了更強的學習欲望。

設計奪人眼球的開場

「接下來我們分享一下如何進行課程的開場匯入，良好的培訓開場是培訓課程成功的基礎。在這個階段，老師要讓學員對將要培訓的內容有一個大概的了解，要引起學員對學習內容的興趣，把學員的注意力集中到內訓師的身上，建立起對內訓師的依賴感。奪人眼球的開場方法很多，在這裡介紹5 種常用的方法。」說完王振起立來到白板邊，在白板上寫下了 5 種方法。

◆ 提問開場法

◆ 故事事例開場法

◆ 名言佳句開場法

◆ 實物（圖片）展示開場法

◆ 引用數據開場法

寫好 5 種方法之後，王振就開始依次介紹每種開場方法的使用技巧並舉例說明。

1. 提問開場法

這是比較常用的一種開場方式，透過提問，內訓師可以在課程一開始就和學員進行互動，同時學員要思考老師所提出的問題，就自然地融入了老師的課程場景。所以，提問開場法也是很多老師所採用的開場匯入的方式。雖然好用，但如果沒有掌握相應技巧，亂問一通，反而會造成反效果。比如，一位老師一上講臺就問大家：「你們覺得什麼是成功？」此問題連續問了好幾遍都沒人回答，正當老師要點某位同學回答的時候，一位學員舉手了，說：「老師，我知道。」老師彷彿抓到了救命稻草：「這位學員，你回答一下什麼叫成功。」「在我們公司，會拍主管馬屁，把主管伺候好就會成功。」學員一說完，整個課堂笑成了一鍋粥。此答案明顯不是老師所想要的，就剩老師非常尷尬地杵在那邊，不知道該如何接話了。

透過以上的小事例，我們發現要問出好的問題，讓學員

參與，同時答案又能在老師的掌控之中，確實要對問題進行精心設計，同時要掌握 3 項提問開場的注意事項。

（1）要問封閉式的問題，而不是開放式的問題。剛剛那個事例，這位老師就問了一個開放式問題。因為成年人的思維千差萬別，同樣一個問題所想到的答案也就千奇百怪，有的答案符合老師預期，有的答案卻是和老師心目中的答案背道而馳，於是發生上面的鬧劇也就不足為奇了。所以為了保險起見，老師要問封閉式的問題，只讓他在是或不是裡面做出選擇即可，確保是在老師可控範圍內。

（2）課程開場提問切勿超過 3 個，所謂事不過三。透過精心設計的 2 到 3 個問題可快速引入課程主題。如拖踏冗長，設計 3 個以上問題，學員極易產生選擇疲勞症，進而對課程失去興趣，疲於互動參與。

（3）所問的問題要和主題相關。這也是很容易被廣大內訓師所忽略的。老師在課堂上所做的任何事情都是為主題內容服務的，當然也包括提問的開場匯入，所以不要問和主題不相關的問題，否則學員會認為你在譁眾取寵，降低對你的信任度。

（1）提問開場法舉例

在座各位同學有去商場買過東西的請舉手！在消費過程中，由於商家服務不到位、有缺陷，導致消費不愉快的請舉

手！因為此次不愉快經歷，會使你下次不再光顧此門市的請舉手！好的。看出大家都有一些不愉快的消費經歷，且大多數都不願意再給這家門市第二次機會。現代社會競爭激烈，消費者可選擇機會增多，如何避免因服務品質不良而導致客戶流失就是擺在我們面前一個非常關鍵的問題。今天就給大家帶來「門市服務常犯的 12 個錯誤」的培訓課程。

(2)提問開場法舉例

各位同學是否都有這樣的經歷：明天已經到向老闆提交報告的最後期限了，但是你今晚還在熬夜，通宵達旦趕報告？原本計劃這項事情應該在 2 天前完成的，但是因為我們習慣拖延，而導致專案延遲時間？因為平時沒有做好規劃和安排，導致很多時候無數緊迫的事項一下子圍攏過來，讓你不堪重負？如果你有以上的情形，說明你很可能受害於不合理的時間安排。在現今快節奏的工作、生活狀態下，合理安排和規劃時間尤其重要，今天我們就花 3 小時的時間來共同學習「有效時間管理的四輪驅動」。

2. 故事事例開場法

從小我們就喜歡聽故事，故事伴著我們長大。我們也透過故事學習到很多做人、做事的道理，透過一個故事闡明一個道理也是大家喜聞樂見的一種表達方式。因此，內訓師也可以用故事進行開場。透過一個有情節、有人物、有衝突、

有內心戲、有對白的活靈活現故事的講授，快速抓住學員的注意力，不僅課程開場引起注意的目的達到了，還潤物細無聲地把課程主題帶了出來。

（1）故事事例開場法舉例

分享給大家這麼一個故事。8月上旬，某商場 A 員工隨手拿了同事 B 的一塊毛巾擦櫃臺玻璃。當 B 找毛巾發現毛巾不在，回頭一看 A 正拿著它擦櫃臺，便大聲喊道：「妳這人怎麼這麼差勁呀，偷人家的毛巾！」A 一聽罵自己偷東西，馬上也火了，大聲回罵：「妳才是小偷！妳不也經常拿我的東西嗎？」兩人不顧周圍的顧客，在賣場裡大聲吵嚷起來。其他的營業員怕影響不好，勸她們不要吵了。A 稍微讓了一點，但 B 覺得還不消氣，隨手拎起一袋未封口的熟食向 A 扔去，有一部分濺到了旁邊顧客的身上，導致了顧客投訴。就因為一塊小毛巾，發生了這麼多不愉快的事情，還導致客戶的投訴，這裡面有很多問題是值得我們在座各位反思和思考的。商場服務人員身為直接接觸客戶的第一道門面，他們的職業素養至關重要，今天我們就來學習「職業素養的六項修練」。

（2）故事事例開場法舉例

有一天有個農夫的一頭驢子，不小心掉進一口枯井裡，農夫絞盡腦汁想辦法救出驢子，但幾個小時過去了，驢子還在井裡痛苦地哀嚎著。

最後，這位農夫決定放棄，他想這頭驢子年紀大了，不值得大費周折去把牠救出來，不過無論如何，這口井還是得填起來。於是農夫便請來左鄰右舍幫忙一起將井中的驢子埋了，以免除痛苦。

農夫的鄰居們人手一把鏟子，開始將泥土鏟進枯井中。當這頭驢子了解到自己的處境時，剛開始哭得很悽慘。但出人意料的是，一會兒之後這頭驢子就安靜下來了。農夫好奇地探頭往井底一看，出現在眼前的景象讓他大吃一驚。

當鏟進井裡的泥土落在驢子的背上時，驢子的反應令人稱奇 —— 牠將泥土抖落在一旁，然後站在鏟進的泥土堆上面。就這樣，驢子將大家鏟倒在牠身上的泥土全數抖落在井底，然後再站上去。很快地，這隻驢子便得意地上升到井口，然後在眾人驚訝的表情中快步地跑開了！

就像驢子一樣，在我們的生活中，我們也難免會陷入「枯井」中，並被各式各樣的「泥沙」所傾倒。如果你就此消沉下去，那你可能就會被「枯井」和「泥沙」所掩埋。而如果你能重新振作自己，不斷向這些外在壓力挑戰，將它們抖落掉，就會有「柳暗花明又一村」的新境界。因此，今天我們就來學習「有效抗壓的四輪驅動」這門課程。

3. 名言佳句開場法

我們的身邊從來都不缺乏名言佳句。Google 搜尋之後更

是應有盡有，所以可以找到一些有「感覺」的、和你所講主題相關聯的名言佳句來做開場匯入之用，不僅簡潔明瞭，同時也展現內訓師的底蘊和風範。

（1）名言佳句開場法舉例

馬斯洛說過：心態若改變，態度跟著改變；態度改變，習慣跟著改變；習慣改變，性格跟著改變；性格改變，人生跟著改變。可見，心態在我們平時工作，生活中的重要性。所謂消極的人像月亮，初一十五不一樣；積極的人像太陽，照到哪裡哪裡亮。今天我們就來學習「1234 話心態」。

（2）名言佳句開場法舉例

《禮記・大學》記載，商湯王把「苟日新，日日新，又日新」這幾個字刻在洗澡盆上，作為自己的座右銘，不斷告誡自己要持續不斷地創新，革昨天的自己，不因循守舊。現代社會瞬息萬變，資訊爆炸，唯一不變的就是永遠在改變。唯有勇於創新，不斷打破舊有思維，才能確保企業更持久地掌握核心競爭力。今天我們就來一起學習「創新思維，突破革新」課程。

4. 實物（圖片）展示開場法

根據國際演講協會的研究調研發現，高達 70% 的學員屬於視覺思考型。他們對實物、對圖的理解速度要遠遠快於對文字的理解。所以基於課程主題能夠事先備好一些和課程相

關的實物或圖片等，讓學員看到、摸到會更有說服力。

（1）實物（圖片）展示開場舉例

當我們去超市消費的時候，經常會看到一些富有創意、造型栩栩如生的商品陳列，這不僅吸引了客戶的駐足觀看，提升營業額，還能衍生產品價值，提升其等級。這裡我也收集了一些商品陳列的圖片，我們一起來欣賞一下……看完了，大家覺得怎麼樣？是不是都有購物的衝動，或者說覺得創造這個的員工就像藝術家一樣有創意。大家想不想也能夠搭建出如此這般的商品陳列？那今天我們就花半天時間和大家交流一下「商品陳列的十全十美法」。

（2）實物（圖片）展示開場舉例

有一次，陶行知先生在武漢大學演講。他走上講臺，不慌不忙地從箱子裡拿出一隻大公雞。臺下的聽眾全愣住了。陶先生從容不迫地又掏出一把米放在桌上，然後按住公雞的頭，強迫牠吃米，可是大公雞只叫不吃。他又掰開雞的嘴，把米硬往雞嘴裡塞。大公雞拚命掙扎，還是不肯吃。最後陶先生輕輕地鬆開手，把雞放在桌子上，自己向後退了幾步，大公雞自己就吃起米來了。

這時陶先生開始演講：「我認為，教育跟餵雞一樣。老師強迫學生學習，把知識硬灌給他，他是不情願學的。即使學也食而不化，過不了多久，他還是會把知識還給老師。但是如果讓

他自由地學習，充分發揮他的主觀能動性，那效果一定會好得多！」臺下一時間歡聲雷動，為陶先生形象的演講開場白叫好。

5. 引用數據開場法

我們生活在一個數據時代，每時每刻我們都被大量驚人的數據包圍著：中國每年消費 450 億雙免洗筷，J.K. 羅琳的小說《哈利·波特》全球銷量已經超過 4 億冊，美國人每年消費 240 億公升啤酒，全球每年有 120 萬人死於交通事故……

很難說這些數據意味著什麼。但當我們利用數據論證某一事實時，我們會更有把握。當你能夠衡量某個事物，並用數據表達出來，那說明你真的了解此事；但假若你不能夠衡量它，不能用數據說明，那麼你的知識，他人會認為儲備不足，有所欠缺。所以當資料得以正確使用時，便成了闡明和支持論點的有力武器。

（1）引用數據開場舉例

各位，今天我將結合我自己在銷售領域從事了 11 年的銷售實踐經驗（我曾從事過豪宅房地產業務員 3 年，豪宅房地產銷售經理 3 年，房地產銷售區域總監 2 年，自己創業擔任銷售總裁 3 年）和做銷售 11 年期間花了將近 300 萬元去參加世界銷售大師的培訓課程所學到的成功知識，毫無保留地分享給大家，讓你們在原有非常優秀、非常成功的基礎上邁向更大的成功。好不好？

(2)引用數據開場舉例

想像一下現在是 2050 年。你已經 65 歲了。你剛剛收到一封信，開啟信封，裡面是一張 100 萬美元的支票。不，不是你贏得的樂透，而是在過去的 40 年中自己的少量投資的策略現在終於有了可觀的收益，你不禁喜上眉梢。

今天我們就來談談如何透過有效投資使自己的財富得到增值。

王振花了半個小時把開場匯入技術講完，問許靜：「怎麼樣？聽完之後對開場匯入有什麼疑問？有什麼困難處嗎？」

「聽下來之後我覺得你講得挺順，對每種技巧的演繹也很到位。如果換做我，肯定做不到那麼好。所以我決定回去之後把 5 種開場匯入的方式再次複習一下，同時結合自己的課程用 5 種開場匯入的方式都設計一個開場匯入。我想只有這樣，我才能把你所教的技能活學活用。如果只是聽你講，那肯定還是不夠的。」許靜若有所思地說。

「嗯，妳能這麼想我很高興，這種方法和技能確實是需要練習的。如果光聽我講，覺得好確實還是不夠的；只有妳自己能夠用，才是王道。這樣吧，等我把餘音繞梁的結尾也講完，這樣匯入和收尾妳可以一起練，效率更高！」王振提了個建議給許靜。

「好呀，那最好不過了。開場和收尾本來就是一對親兄

弟，一起練習肯定比分開練習效果要好。感謝王經理這麼毫無保留地分享你的講課祕笈。」許靜說話同時做了一個誇張的抱拳動作。

設計餘音繞梁的培訓收尾

「一個好的培訓結尾，不僅僅是為一節培訓課畫上一個圓滿的句號，更讓學員對培訓的內容回味無窮。耐人回味的結尾能夠總結課程主題和主要內容，餘音繞梁，並確認學員對課程沒有疑問，激發學員將所學知識運用到實踐中的動力。常用的培訓收尾方式有 ── 」王振來到白板邊上，寫上了 5 種培訓收尾的方法。

◆ 讚美祝福法

◆ 寓言故事法

◆ 名言佳句法

◆ 總結歸納法

◆ 幽默收尾法

「還是像說明奪人眼球的思路一樣，我為妳介紹一下 5 種餘音繞梁收尾的方法，同時舉一些例子給妳聽，方便妳理解。」於是在接下來的 30 分鐘，王振講授了如何收尾的技巧給許靜聽。一個講得認真，一個做筆記，聽得認真。一個願意分享，一個渴望學習，真可謂師徒的最佳拍檔。

1. 讚美祝福法

讚美祝福法是富有特色的培訓結尾方式,所以讚美祝福法也在很多正式的大型會議、大型晚會或者培訓現場所使用。當進行了一整天的培訓後,無論是內訓師還是學員都會感到身心疲憊;在這樣的情況下,採用正式的語言結束會讓學員感到內訓師是在例行公事,雖然盡職盡責,但仍無法拉近雙方的距離。內訓師可以考慮使用讚美祝福語作為最後的結束語言。

(1) 讚美祝福法舉例

歡樂的時光總是過得很快,一天的課程馬上就要結束,感謝大家一整天的積極參與和配合,把熱烈的掌聲送給你們自己。在這一天的課程中,我看到各位能夠放下自己的身段,放下自己的經驗,放下自己的閱歷,全心全意投入課程,值得我們欽佩和學習。祝願大家在未來的職場之路能越走越順,越走越遠!謝謝!

2. 寓言故事法

故事可以用來做開場,也可以用來做收尾。你所要做的就是選擇一個和你課程內容貼切、能發人深省或是有哲理的故事,結束課程。這樣不僅能引起學員的興趣,還能給學員一個思考和想像的空間。

(1) 寓言故事法舉例

課程快要結束了，最後分享一個故事結束今天的課程。

一個生活平庸的人帶著對命運的疑問去拜訪禪師，他問禪師：「真的有命運嗎？」

「有的。」禪師回答。

「是不是我命中注定窮困一生呢？」他問。

禪師就讓他伸出他的左手指給他看說：「您看清楚了嗎？這條橫線叫做愛情線，這條斜線叫做事業線，另外一條豎線就是生命線。」然後禪師又讓他跟自己做一個動作，他手慢慢地握起來，握得緊緊的。

禪師問：「您說這幾根線在哪裡？」

那人迷惑地說：「在我的手裡啊！」

「命運呢？」

那人終於恍然大悟，原來命運是在自己的手裡。

各位，同樣，我們的成長，是我們自己來決定還是由別人來決定？對，是由我們自己決定。今天學習的結束是未來成長的開始。我相信大家一定能夠在未來不斷將所學進行實踐，並創造更高績效，謝謝大家！再見。

（2）寓言故事法舉例

全國著名的推銷大師，即將告別他的推銷生涯，應行業協會和社會各界的邀請，他將在該城中最大的體育館，做告

別職業生涯的演說。

那天，會場座無虛席，人們熱切、焦急地等待著，那位當代最偉大的業務員作最精彩的演講。當大幕徐徐拉開，舞臺的正中央吊著一個巨大的鐵球。為了這個鐵球，臺上架起了高大的鐵架。

一位老者在人們熱烈的掌聲中，走了出來，站在鐵架的一邊。他穿著一件紅色的運動服，腳下是一雙白色膠鞋。

人們驚奇地望著他，不知道他要做出什麼舉動。

這時兩位工作人員，抬著一個大鐵錘，站在老者的面前。主持人這時對觀眾講：請兩位身體強壯的人，到臺上來。好多年輕人站起來，轉眼間已有兩名動作快的跑到臺上。

老人對他們講規則，請他們用這個大鐵錘，去敲打那個吊著的鐵球，直到把它盪起來。

一個年輕人搶著拿起鐵錘，拉開架勢，掄起大錘，全力向那吊著的鐵球砸去，一聲震耳的響聲，那吊球動也沒動。他就用大鐵錘接二連三地砸向鐵球，很快他就氣喘吁吁。另一個人也不甘示弱，接過大鐵錘把鐵球打得叮噹響，可是鐵球仍舊一動不動。臺下逐漸沒了吶喊聲，觀眾好像認定那是沒用的，就等著老人做出什麼解釋。

會場恢復了平靜，老人從上衣口袋裡掏出一個小鐵錘，然後認真地，面對那個巨大的鐵球。他用小錘對著鐵球「咚」

敲了一下，然後停頓一下，再一次用小錘「咚」敲了一下。人們奇怪地看著，老人就這樣「咚」敲一下，然後停頓一下，就這樣持續地反覆。

10分鐘過去了，20分鐘過去了，會場早已開始騷動，有的人乾脆叫罵起來，人們用各種聲音和動作發洩著他們的不滿。老人仍然一小錘一停地工作著，他好像根本沒有聽見人們在喊叫什麼。人們開始憤然離去，會場上出現了大塊大塊的空缺。留下來的人們好像也喊累了，會場逐漸地安靜下來。

大概在老人進行到40分鐘的時候，坐在前面的一個婦女突然尖叫一聲：「球動了！」剎那間會場鴉雀無聲，人們聚精會神地看著那個鐵球。那球以很小的擺度動了起來，不仔細看很難察覺。老人仍舊一小錘一小錘地敲著，人們好像都聽到了那小錘敲打鐵球的聲響。鐵球在老人一錘一錘的敲打中越盪越高，它拉動著那個鐵架子「哐、哐」作響，它的巨大威力強烈地震撼著在場的每一個人。終於場上爆發出一陣陣熱烈的掌聲，在掌聲中，老人轉過身來，慢慢地把那把小錘揣進兜裡。

老人開口講話了，他只說了一句話：「在成功的道路上，你沒有耐心去等待成功的到來，那麼，你只好用一生的耐心去面對失敗。」

在座的各位老師，聽完這個故事大家有什麼感觸。我們每一個人都在努力追尋自己心目中所謂的「成功」。但是成功並不是你每天在想，每天在嘴邊念就會實現的。如果你想讓自己的事業和生活能夠像這個大鐵球一樣擺動到最高點並產生「飛輪效應」。就需要你花費更多時間，投入更多精力，專注一件事情，把它做到最好，你所有量的累積就會有質變的那一刻。最後，希望大家把這兩天所學能夠活用在我們的工作當中，讓自己在臺上魅力四射。

3. 名言佳句法

課程結束的時候你還想給學員一些啟發和思考，並且能夠讓他馬上學會和掌握，那就考慮來句名言佳句吧。膾炙人口的名言佳句會給你的課程造成畫龍點睛的效果。

（1）名言佳句法舉例

各位，請你們記住今天學習的內容，回去以後反覆地練習，您一定會成為一名菁英演說家。當然，你們回去執行的時候，肯定會遇到很多困難，但是我們要記住英國前首相邱吉爾曾經說過的一句話：「不要放棄，永遠都不要放棄！」

（2）名言佳句法舉例

《論語》有云：工欲善其事，必先利其器。各位老師如果想在臺上有精彩的演繹和呈現，把課程講清楚，讓學員愛聽，聽得懂，就需要我們不斷修練自己的授課技巧、課程開

發技巧，只有這樣，我們才能綿綿不絕、厚積薄發。希望大家不斷實踐授課技巧，內化為自己的能力，更好地在臺上傳道、授業、解惑。謝謝大家。我們的課程到此結束。

4. 總結歸納法

這是一種中規中矩的課程結尾方法，課程結束時，複習課程要點和重點，再結束課程。此方法能夠加深學員對主題與培訓內容的記憶，因為成年人容易遺忘，所以內訓師要多總結，多回顧，以拉高學員的記憶曲線。

總結歸納法按照主體分類有兩種方法：一種是以內訓師為主體來進行總結，這也是比較常用的。另外一種是以學員為主體來進行總結歸納，讓學員自己說出知識點，可以加深學員的印象；同時讓他們制定行動計畫，在教室做承諾，回職位之後執行的機率會增高一些。

（1）總結歸納法舉例（以內訓師為主體進行總結歸納）

各位學員，兩天的課程即將結束。我看到大家都記了很多筆記，說明大家今天的收穫還是很大的。來，大家把筆記本合上，一起跟著我回顧一下今天我們都學習了哪些重點內容，幫助大家再理一理思路，方便我們後續的複習和總結……

（2）總結歸納法舉例（以學員為主體進行總結歸納）

各位學員，兩天的課程馬上就要結束了。我相信各位在這兩天中或多或少都會有自己的感悟和收穫。接下來，給各

位 5 分鐘,請大家單獨思考以下 2 個問題:第一個問題是昨天、今天兩天課程中,我最有收穫的是哪一點?第二個課程結束之後我會在實際授課中運用哪個方法和工具?好,5 分鐘到,現在我們全班同學用傳遞麥克風的方式,每位學員按照小組序列輪流發言,我們從第一組開始⋯⋯

5. 幽默收尾法

用幽默、風趣的語言結尾,為參訓學員帶來歡聲笑語,使課程更富有趣味,令人在笑聲中深思,並給學員留下一個愉快的印象。

(1) 幽默收尾法舉例

著名作家老舍先生是最喜歡運用幽默法的。他在某市的一次演講中,開頭即說:「我今天為大家談 6 個問題。」接著,他第一、第二、第三、第四、第五,并然有序地談下去。談完第 5 個問題,他發現離散會的時間不多了,於是他提高嗓門,一本正經地說:「第六,散會。」聽眾起初一楞,不久就歡快地鼓起掌來。

(2) 幽默收尾法舉例

在一次演講會上,當演講快結束時,講者掏出一盒香菸,用手指在裡面慢慢地摸,但摸了半天也不見掏出一支菸來,顯然是抽光了。服務人員十分著急,因為該名講者出了名的菸癮很大,於是有人立即動身去取菸。講者一邊講,一

邊繼續摸著菸盒，好一會兒，他笑嘻嘻地掏出僅有的一支菸，夾在手指上舉起來，對著大家說：「最後一條！」

這個「最後一條」，既是最後一個問題，又是最後一支菸。一語雙關，妙趣橫生，全場大笑，聽眾的一點疲勞和倦意也在笑聲中一掃而光。

講完之後，王振繼續詢問許靜：「怎麼樣？5 種方法記住了嗎？有沒有還要我做補充說明的？」

「沒有了，謝謝王經理，我覺得我現在就缺少練習和實戰了。現在聽了之後感覺非常好，也很有衝動想設計開場白和收尾來上那麼一段。如果不練習，不自己親自去做做，這些內容應該很快就會還給你了。而且只有練習過了，實戰過了，才會遇到問題，這時候提出的問題應該更有針對性吧！」許靜說道。

「妳的思路是對的。用行動來指導學習。實戰出真知，那我就等著妳的好消息了。」王振鼓勵許靜。

第六講　培訓實施（下）

「許靜，還記得在第一次上課的時候，我們提到了老師授課要設計課程的心電圖。心電圖可以幫助老師設計出情理並茂、內容和形式並用的課程。」王振邊說著邊開啟了電腦及PPT。「妳看圖上的這根教學程式線，如果這根線是平的，完全沒有曲折，就說明這樣的課程就不能改變學員的積極性，更多的只是老師單純的講授。好的課程應該是讓教學程式線有起伏跌宕，只有這樣的課程才能引導學員的參與，才能讓學員討論、練習、實踐並學習到知識和技能。」王振喝了口水繼續說道，「按照分類，學習心電圖有三類。」王振走到白板邊，邊寫邊說。

第一類：傳統的課堂學習活動

第二類：主動學習的課堂學習活動

第三類：基於問題解決的課程學習活動

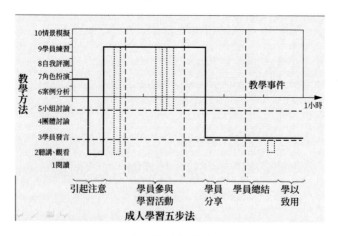

課程設計心電圖

寫完這 3 種課程學習活動之後，王振分別對 3 種活動做了詳盡的解釋，同時用案例來輔助許靜的理解。

傳統的課堂學習活動

對於很多內訓師來講，能做到第一類的學習活動的設計已經非常不錯了。因為至少在第一類活動中，有老師的講解和示範，有學員的模仿練習，還有學員的分享和發表，最終還有講師的點評和總結。所以這是一個比較完整的教學流程，能夠引導學員的積極參與，並充分思考和發表自己的觀點，同時透過現場練習掌握方法和技能，這樣的課程相對還是比較實效和落實的。而很多的老師沒有這樣的認識和體會，他們的課程大多數還是以單純的講授為主，沒有引導學員的積極參與，把學員排除在課堂以外。

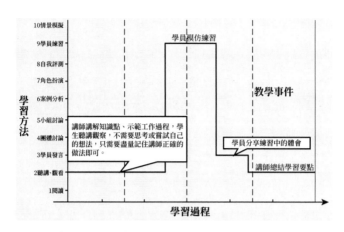

傳統的課堂學習活動

　　傳統的課堂學習活動有案例分析教學法、角色扮演教學法、影片案例教學法等。接下來我們就對這3種常用的教學法做一個說明，並透過舉例讓大家對3種教學法有一個更加直觀的了解。

1. 案例分析教學法

(1)概述

　　案例分析法是指把實際工作中出現的問題作為案例，向參加者展示真實的背景，提供大量背景材料，由參加者依據背景材料來分析問題，提出解決問題的方法。透過個性案例，找到解決問題的共性規律，再用共性規律去解決個性化的問題；從而培養學員的分析能力、判斷能力、解決問題能力及執行業務能力。

(2) 適用範圍

案例分析法的重點是對過去發生的事情作診斷或解決特別的問題，它比較適合靜態地解決問題。新進員工、管理者、經營幹部、備用人員等階層員工均適用，也適用於學習解決問題的技巧或教授解決問題的程式。

(3) 操作步驟

◆ 案例的收集和準備

◆ 案例的鋪陳

◆ 案例的討論

◆ 案例的發表

◆ 案例的點評和昇華

案例分析教學法舉例 1

案例背景

一位作業人員冒失地闖進人事部，緊繃著臉，不太高興。他要見人事主任，但主任正好不在，由辦事員阿保接待。這位作業員知道主任不在後，就說：「那我等他回來再說！」

阿保好奇地問：「你不是小華嗎？你今天早上才來報到的，我不是幫你辦好報到手續並把你帶到工作現場了嗎？」「我大概不能做這份工作了。」小華沮喪地說。

原來在阿保幫小華辦好報到手續之後，就把他帶到工作現

場，並介紹給組長認識。小華和組長經過簡短的交談之後，確實很短，因為那個時候組長正忙著。組長就把他帶到某個機器旁，並拿出一份工程藍圖，指出只要把零件插入機器的洞裡，機器就可以自動鑽孔了。解說完之後，組長就親自操作了一遍，並問小華，這樣懂不懂？小華點頭表示沒問題，組長於是說你現在開始做，我等一下來看你，於是匆匆地離開了。

　　小華按照藍圖設計一個零件，開始插進洞裡，但是好像有什麼地方不對勁。這會兒他可糊塗了：剛才看組長做得很輕鬆，怎麼自己連對都對不準？真是越急越做不來，不知道該如何是好。終於鼓起勇氣問另外一位作業員，但這位作業員正忙著趕工，冷冷地說：「組長沒教你嗎？你等他回來再問好了。」

　　於是小華耐心地想等組長回來，但等了很長時間組長都沒有回來。這時他也不想做了，就跑去人事部想辭職。阿保知道原委後，拉著他就去找組長，終於找到組長，組長聽了也非常吃驚，他說：「我不是教過你，你也說沒問題的嗎？」

◆ 講師提問：

　　1. 請問以上案例中，組長在教導下屬時有什麼問題？ 2. 如果你是組長，你要如何做來避免此類事情發生？

◆ 學員討論並發表觀點
◆ 講師點評和總結：

　　以上案例所犯的錯誤是很多民營企業都會涉及的錯誤。因為民營企業普遍管理不夠規範，導致員工入職時間不長即選擇離職。很多時候，員工入職因公司，而離職因為上司。所以在本案例中，組長簡單的教導和溝通方式也是員工離職的原因。

　　管理者的在職輔導（OJT，On Job Training）是下屬能力提升的重要環節，尤其在生產企業中，師傅帶徒弟就更重要了。在職輔導是有口訣和步驟的。一般來說，在職輔導的口訣有 5 個步驟：說給他聽，做給他看，讓他說說看，讓他做做看，回過頭來再看一看。比如，我要教別人用投影機這個設備。我要先把投影機的功能和介面告訴對方，讓他了解應該插在哪個介面，需要按哪些按鈕。第二步是做給他看，我實操一遍，如何接線，如何開啟投影機，如何調焦距，如何調色差，如何關閉投影機等。第三步就換對方來說說，把我所講的大概複述一遍，我就知道他是否把我說的聽進去了。第四步是讓他來做做看，實際操作一遍，只有自己動手了才是最有心得的。到這裡還沒有結束，還有第五步是再回頭看一看，這裡有兩層含義。第一層含義是當他做完後，我馬上給他回饋和點評，他哪些地方說得不夠好，哪些地方做得不夠到位，是不正確的，這樣他才能提升，才能確保下次做得更好。另外一層含義是隔一段時間之後我再來抽查他是否能正確使用投影機了，如果他能很好地使用，說明他就已經基

本掌握這項技能了。所以這是一個完整的輔導別人的流程，基本上能讓對方掌握。

但是我們看到案例裡面的組長雖然也為下屬指導工作，但是他的步驟明顯縮短和簡化了。他一開始先說給他聽，再做給他看，然後問會不會。下屬會怎麼說？一般都會說：「會。」但是實際上他並不會。第二是組長教導的時候沒有走後面三步，所以導致下屬沒有在組長面前實作一遍，沒有得到回饋和點評，故技能掌握不扎實。缺少組長的教導，關鍵時刻又找不到組長，所以員工剛進入公司卻又要離職了。

所以，這個案例對我們的啟示很大。我們身為管理者，要多站在下屬的角度去思考問題。下屬是新人，所以你的教導要更加耐心，更多投入。每次教導，都把 OJT 的 5 個步驟扎實的走一遍。這樣雖然看起來費一些時間，但是因為員工掌握了，就可以慢慢越做越好，從長遠看是效率最高的一種方法。同時，因為下屬感受到你對他工作的支持和關注力度，他也會對你更認可和擁護，工作反而會更賣力，離職率自然也就降低了。

案例分析教學法舉例

案例背景

（剛剛上班，下屬業務員 B 便忙著準備明天與客戶交流的重要材料，部門經理 A 走了進來）

部門經理 A：小 B，有時間嗎？

業務員 B：什麼事？經理。

部門經理 A：一年結束了，我想就考核結果與你溝通一下！

業務員 B：現在嗎？

部門經理 A：就現在，我 10 點 15 分還有個重要的會議要參加，唉，溝通！不知道大家都很忙，人力資源部總給大家添麻煩！

業務員 B：（看了一下表，時間是 10：07）經理，我手上還有些事啊……

部門經理 A：別囉嗦了，時間很緊張，趕緊來我辦公室。

業務員 B：（無奈地）好吧！

（部門經理 A 的辦公室，在部門經理檔案堆積如山的辦公桌前，業務員 B 忐忑不安地面對部門經理 A 坐下。）

（電話鈴響，A 拿起電話，「喂，是王總啊。」）

部門經理 A：（通話大約用了 5 分鐘），剛才我們談到哪裡了？

業務員 B：準備進入主題。

部門經理 A：哦，對！你 2015 年全年總體做得還不錯，工作基本上可以接受，成績大家都清楚，我就不細講了。小 B，你的問題不少啊！儘管我們商定的任務完成得還可以，但在與他人溝通協調、互動交流等方面比較欠缺，以後應多注意點。

業務員 B：我想知道，您剛才說我溝通協調能力差，具體是指什麼？

部門經理 A：小 B，你從來沒有幫我分過憂，還惹過不少麻煩，這一點你應該很清楚。

業務員 B：我……

部門經理 A：你不要強詞奪理了！回去好好反思一下，下一步如何改進！

業務員 B：我全年的工作全部都按照要求完成了，考核結果應該……

部門經理 A：應該怎樣？小 B，你放心，我們部門總共不足 20 人，誰好誰差，誰哪方面強，誰哪方面弱，我心中有數。

業務員 B：您得出這個結論，是不是因為我上個月與某集團專案組協調會上那次爭吵，還有……

部門經理 A：你不用扯太遠了，你只要與身邊的李莉比

比，就該知道我為什麼說你的協調能力差了。

業務員 B（暗自思忖：怪不得我 4 個季度考核成績 3 次都比她差）：經理，她是老員工，協調起來自然有優勢，但我溝通協調能力並不差啊，從其他方面說，我工作速度明顯比她快，工作中也比她勇於堅持原則，她經常按時上下班，而我經常加班加點，還有……

部門經理 A：今天就到談到此吧。順便說一句，你現在薪資也不算低，知足吧！

業務員 B：（茫然）……

（部門經理 A 匆匆趕去會議室，業務員站在那裡，待了很久。）

◆ 講師提問：

1. 請問以上績效面談的案例中有哪些問題點？ 2. 你認為正確的績效面談的流程和步驟是怎麼樣的？

◆ 學員討論並發表觀點
◆ 講師點評和總結：

關於這個案例，我們認為這位部門經理的績效面談是浮於表面的。只是為了完成一個任務。這樣的績效面談對員工造成的傷害還不如沒有績效面談。剛剛大家羅列了很多這次績效面談的失誤，我們把它整合成一個表格，有以下 20 多項。

績效面談問題點

準備不足	沒達成共識	地點不對
沒有提前通知	指出的問題籠統	沒激勵員工
指標不具體	批評沒有講明事實	績效面談沒有結果
電話打擾	面談條理不強	人與人進行比較
沒有聯絡感情	沒有過程控制	面談時間太短
認識不足	不注意溝通技巧	溝通目標不明確
績效改善方向不明確	沒有總結成功經驗	沒約定下次面談時間
不尊重下屬，主觀意識強	不給下屬解釋機會	沒有下一階段的目標設定
抱怨人力資源部	面談氛圍塑造	……

關於績效面談的流程，我們總結了 6 個步驟。依照這 6 個步驟，做好準備工作，同時注重一定的回饋和溝通技巧，並且多讓下屬說話，給予專注的聆聽。用三明治批評法指出對方的不足之後，不忘最後的鼓勵。多嘗試，多思考。你會發現你的績效面談能力會有長足的進步，下屬都會喜歡和你面談和交流。

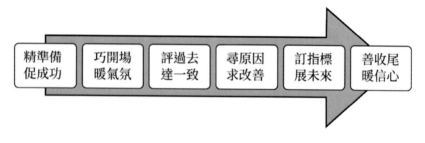

績效面談六步驟

案例分析教學法舉例

案例背景

在某電器公司的培訓教室中，內訓師凱文正在主持一堂銷售技巧的課程。學員都是有經驗的銷售人員。這時凱文正在問學員問題，他的計劃是透過詢問，讓學員們自己歸納出顧客的購買過程。他問了第一個問題：「顧客如果要購買一輛車，他需要考慮什麼要素呢？」

「會考慮自己的預算。」提問立即得到學員李蓮的回應。

凱文對李蓮的回答表示了謝意，很快又問：「那除了預算呢？」

　　李蓮馬上次答：「車的顏色和款式。」

　　「很好，也就是對產品的需要，對嗎？」凱文繼續問，「除了產品呢？」

　　「還有就是考慮什麼時候買。」

　　凱文的話剛剛落下，李蓮的回答就馬上響起來了。這讓凱文有些不快，他覺得李蓮參與得太快。他希望別人也能參與。但其他學員好像並沒有充分地參與到課堂中來。尤其是後面的一個叫趙敏的學員，從上課就一直沒有說過任何話。於是他進行了下一個提問：「購買的時機的確是我們考慮的一個問題。可是除了購買時機呢？趙敏，妳能不能說說妳的看法？」

　　趙敏顯然沒有想到凱文會讓她回答，她一楞，有些尷尬，就聲音很小的說：「對不起，我暫時沒有想法。」

　　凱文不理會李蓮希望回答這個問題的眼神，又點名叫另外一位學員馬丁回答，因為他看到馬丁正在本子上畫小人。

　　「可能還有很多吧？」馬丁含糊地說。

　　「那能不能為我們舉一個例子？」凱文說。

　　「比如，得問問太太的意見。」

　　馬丁的回答讓課堂上的人哄堂大笑。凱文忍住不快，對馬丁說：「馬丁，你能不能認真回答問題？」

他的話引來馬丁的反問：「誰說我回答問題不認真？我倒是不明白了，你問了那麼多問題，你想幹什麼？你想聽到什麼答案？你可以直接把你想聽到的答案說出來，就不用把我們累得要死！」

大家都沉默了，局面有些尷尬。凱文沒想到馬丁的反應那麼激烈，又似乎有些道理，一時間不知道如何回應，就本能地提高了嗓音，大聲說：「我問問題的目的當然是為了你們能夠自己總結出顧客的購買過程，根據成年人的學習原理，自己領悟到的要比告訴他們得到更多……」

他的話被另一位帶眼鏡的名叫麥克的學員打斷了：「要比他人告訴得到的印象深刻。對，確實是這樣的。其實，我是知道顧客的購買過程是這樣的，一般來說，顧客購買任何一件商品主要經過 4 個步驟：一是收集資訊，二是建立自己的備選清單，三是諮詢專家，四是購買決定。比如說，要買一臺洗衣機，首先要到商場逛一逛……」

麥克的發言持續了足足 5 分鐘才停下來，闡述的觀點和內容有些是凱文想講的，但有些不是。他正考慮如何處理，所有的學員都給麥克鼓起掌來，還有的大聲附和：「對呀，對呀，就是這樣！」

「天哪，我該怎麼辦？要不要說明麥克有些話是不對的，至少不是我想說的？」凱文面對著大家對麥克的讚美，拿不定注意。

◆ 講師提問：

1. 凱文的提問為什麼沒造成應有的效果？為什麼會被學員挑戰？2. 你認為應該用怎樣的方式讓學員參與回答和討論會比較好？

◆ 學員討論並發表觀點
◆ 講師點評和總結：

凱文的遭遇很多內訓師可能都遇到過，認為自己是在遵循成年人的學習原理，激發成年人的學習積極性，但為什麼並沒有取得自己應有的效果呢？其實很多內訓師只是抓住了「問問題」這個形，並沒有了解為什麼要去做的核心原因，所以會導致問問題出師不利，遭遇學員挑戰或冷場。

內訓師在課堂上的互動引導、提問的目的是讓學員思考、參與課程，和老師一起找到答案。因為只有學員自己參與並找到答案學員才更有感覺，才覺得是自己努力的成果。同時在提問引導學員回答的時候，老師也需開放、具有彈性，能夠對接學員的各種答案，而不是老師預設了標準答案，讓學員往裡面跳。這樣的方式往往是學員比較反感的。

下面我們分析凱文這個案例。一開始學員李蓮積極回答問題，說明她是一位非常積極參與課程的學員，且能夠快速給出答案，對學習內容也是比較專業的。這種學員是老師非常喜歡的。因為他們會主動積極配合老師授課，有效防止課

程冷場，是老師課程中忠實的「託」。所以老師都希望這樣的學員在課堂中越多越好，也都希望能在課堂中多發展幾位這樣優秀的學員。即使凱文覺得因為李蓮多次快速的回答或搶答使得其他同學的參與度變低，他也應該再給李蓮一個積極的回饋之後再去尋找其他學員的參與和互動。這是對學員一種最基本的尊重和認可。比如，凱文可以這麼說：「來，我們大家給李蓮一個熱烈的掌聲。她的回答非常到位，可以看得出李蓮是在積極思考這個問題的。那除了李蓮同學之外，我相信其他學員肯定對這個問題也有自己的看法，誰可以自告奮勇給我們分享一下的？」當老師這麼說的時候，不僅李蓮覺得自己受到了尊重和認可，同時老師也把問題丟給其他學員，也讓其他學員積極參與到問題的回答中來。

當現場出現冷場、沒有學員回答問題時，老師也盡量不要指名道姓請一位學員發言，因為這樣的風險還是挺大的。一方面會讓這位被點名的學員沒有安全感，如果回答不了會很尷尬；同樣對老師來說，如果養成點名讓學員回答問題這種習慣也是不太好的，會讓學員比較反感。如果遭遇到學員冷場，沒有人回答問題。

凱文在課堂中挑戰不認真學習的學員馬丁，點名其回答問題。結果反而被馬丁成功反擊。說明老師在授課中心中不要預設太多的標準答案，因為任何學員的回答都是有一定的價值的，只是大家站在不同的角度，處於不同的狀態而已。

所以從這個思路來看的話，馬丁的答案完全是符合道理的。他說：「得問太太的意見。」老師可以這麼回應和回饋：「是的，馬丁回答得非常有道理，當我們決定購買一件大型物品時，確實要徵求多方意見作為科學依據和判斷，而身為我們的親人，如太太，她的意見和觀點也是我們要重點考慮的。所以馬丁的答案我可以總結成是要徵詢親朋好友的意見，馬丁，對吧？」按照這樣的思路既可以得到馬丁的認同，也讓學員知道在課堂裡回答問題是安全的，不會被老師諷刺挖苦，大家的積極性才會越來越高漲。而不是像凱文那樣簡單地否定學員，導致馬丁的反擊。

最後的麥克顯然就是一位得道高人，對專業知識的理解比凱文有過之而無不及，甚至還超過凱文。只是這種高手一般輕易不發言，除非他覺得臺上的這個老師做得太過分了，或者一些行為舉止已經引起了他的反感，他才會出手。而且因為他是高手，所以一旦他出手，老師都很難招架。怎麼辦？老師一定要有一個概念，那就是老師沒辦法是一個全才，不可能在每一個領域都是專家，都是權威，特別在現在這個知識、資訊爆炸的年代。所以當老師發現臺下的學員在這個領域比你專業，比你有見解，就放棄狡辯和抗爭，直接把舞臺讓給這位學員，請他發表就這件事情的看法，最後給一個讚美和肯定。學員看到的是一位大氣、寬容的好老師，高手會因展露自己的優勢而攢足面子，也在內心感謝你給他

這麼一個展現自己專業的舞臺，他也就不會在心裡對你有那麼多抗拒，反而會轉向支持你，積極配合你的課程。反之，你如果讓高手沒有得到應有的尊重，他就會想盡辦法挑戰你，讓你的課程沒法順利進行下去。

透過這個案例，我們會發現要身為一名老師，你可以很自然地和學員進行互動，讓學員積極投入課程，只要你心中裝著學員，懂得尊重他們，懂得成年人的學習心理。而如果你只是在走一個形式，只是為了問問題而問問題，完全不顧學員的感受，沒有給予學員應有的尊重和關注，你的課程就會舉步維艱，很難與學員有效融洽地行進下去。

2. 角色扮演教學法

(1) 概述

角色扮演法是提供給學員某種情境，要求一些成員擔任各個角色並出場表演，其餘學員觀看表演，注意與培訓目標有關的行為。表演結束後進行情況匯報，扮演者、觀察者聯繫情感體驗來討論表現出的行為。

角色扮演法可以分為兩類：一類是結構性的，角色扮演的條件、問題是預先設計好的，是從普遍的管理問題中抽象出的特例。

另一類是自發性角色扮演，是學員在學習過程中學會發現新的行為模式，減少在人際交往中的拘束和過強的自我意識。

(2) 適用範圍

　　角色扮演法可以在決策、管理技能、訪談等培訓中使用，適用於對實際操作人員或管理人員的培訓，主要是運用於詢問、電話應對、銷售技術、業務會談等基本技能的學習和提升。

　　角色扮演法培訓也適用於新員工、職位輪換和職位晉升的員工的培訓，主要目的是為了盡快適應新職位和新環境。

(3) 操作步驟

◆ 準備階段

◆ 確定培訓目標

◆ 構想問題情境

◆ 決定扮演的角色

◆ 選擇扮演者及安排觀察者

◆ 布置表演場所

◆ 實施階段

◆ 進行扮演活動

◆ 討論角色

◆ 評估角色扮演

◆ 觀察員點評

◆ 講師點評和總結

角色扮演教學法舉例 1

案例背景：

　　指導語：請快速閱讀關於你所扮演角色的描述，然後認真考慮如何扮演那個角色。你將與其他兩個人合作，因為你們三個角色的行為是相互影響的。進入角色前，請不要和其他兩個應試者討論即興表演的事。請運用想像力使表演持續 10 分鐘。

角色一：圖書業務員

　　你是個大三的學生，你想多賺點錢自己養活自己，不跟家裡拿錢。這個月內你要盡可能多地賣出手頭上的圖書，否則就將發生「經濟危機」。你剛才在某公司辦公室推銷，辦公室主任任憑你怎樣介紹書的內容，他就是不肯買。現在你正進入人事科。

角色二：人事科科長

　　你是人事科的科長，剛才你已注意到一位年輕人似乎在隔壁的辦公室推銷書，你現在正急於擬定一個人事考核計畫，需要參考相關資料。你想買一些參考資料，但又怕上當受騙，你知道辦公室主任走過來的目的。你一直很反感被別人當作沒有主見的人。

角色三：辦公室主任

　　你認為大學生推銷書是「不務正業」。他們只是想一個勁

地說服別人買他的書，而根本不考慮買書人的意願與實際用途。因此你對大學生推銷書的行為感到很惱火。你現在注意到那位大學生走進了人事科的辦公室，你意識到這位大學生馬上會利用你同事想買書的心理推銷成功。你決定去人事科阻撓那個業務員，但又意識到你的行為過於明顯會使人事科長不高興，認為你的好意是多餘的，並產生你認為他無能的錯覺。

角色扮演要點參考如下。

角色一：一、對人事科科長盡量誠懇而有禮貌；二、避免某辦公室情形的再度發生，注意強求意識不要太濃；三、防止辦公室主任的干擾（辦公室主任一旦過來，即解釋：該書對辦公室的人可能不一定適合，但對人事科的工作人員則不然）。

角色二：一、應盡量鑑別書的內容，看其實用價值如何；二、最好在辦公室主任說話勸阻前作出買還是不買的決定；三、辦公室主任一旦開口，你又想買則應表明你的觀點，說該書不適合辦公室是正確的，但對你還是頗有用的。

角色三：一、裝著不是故意來阻撓的；二、委婉表述你的意見；三、掌握火候，注意不要惹惱了人事科科長和大學生。

◆ 講師工作：

1. 事先準備好角色扮演練習說明書，並按照角色說明和角色扮演參考要點撕成相應的紙條。

2. 找到三位學員分別扮演圖書業務員、人事科科長及辦

公室主任，並發給其相應的角色說明和參考要點（每個人只能看到自己的角色說明和參考要點）。

3. 講師發放完整的角色說明書給其餘學員，幫助其理解各個角色。其餘的學員身為觀察員，觀察並思考整個扮演的程式。

◆ 講師提問：

1. 是什麼阻礙了三個人達成各自的溝通目的？ 2. 這些阻礙因素對我們的溝通有什麼啟發意義？

◆ 學員角色扮演並發表觀點
◆ 講師點評和總結：

這個 10 分鐘是非常有意思的，也是很多真實情景的反映。我們會發現在很多現實場合，因為每個人都有自己的初衷和目的，同時也不願意聆聽別人的想法和意見。只是想發表自己的看法，想著讓別人接受自己的看法就成功了。而從來沒去考慮對方真正想要的是什麼？對方在乎的是什麼？因此就導致溝通的效率很低，同時也遭致他人的反感。這裡的每個角色都同時要面對兩個角色進行溝通，且各個角色的目的，性格特徵等完全不同，所以難度是挺大的，但是也並非無從下手，只要懂得對方所要的，能夠有針對性地進行溝通和交流，還是會有收穫的。

比如，對於圖書業務員來說，他要把書賣了，才能有錢，才能不至於沒飯吃。但這個並不能成為大學生圖書業務員一味推銷、只顧賣書、不顧他人感受的理由。

當他面對辦公室主任時，因為對方認為自己「不務正業」，只是想多賺點錢，同時推銷的書籍也與對方的意願和實際用途匹配度不高。因此在與辦公室主任交流時，你要讓他覺得你是一位想自食其力的大學生，透過自身的努力養活自己，同時鍛鍊自身的能力。同時對於自己向主任推薦了不符合他意願和實際用途的書籍這件事保持道歉，說明自己社會閱歷尚淺，不能很好地把握客戶的需求。同時向主任虛心請教：應該怎麼樣去匹配客戶實際需要去介紹書籍。因為他資歷深厚，經驗豐富。並對他的指導表示感謝。這樣的一些說法和做法，可以降低主任對大學生業務員的反感，減少其阻力。

當大學生面對人事科科長時。因為人事科從事的工作關係，科長一般講話做事比較委婉，不像主任那樣直接。同時耳根子也比較軟，容易聽進去別人的一些話語，但是對於過度的推銷也是非常反感的。因此面對人事科長時，大學生首先要確保自己所推薦的書籍是科長當下需要的，而不能再犯在主任那邊的錯誤了，這是第一點。同時面對科長要真誠有禮貌，並說明自己此行的目的，以及為什麼現在在賣書的原因。對於人事科長的詢問要給予一定的讚美，如您工作非常積極細緻，願意買參考書籍讓自己的工作可以做得更好，企

業有您這樣的好員工真是太幸福了，等等。對於推薦給科長的書籍，也能大致說出其優劣勢（這就要求大學生要做好準備，對自己所售書籍有一定的了解和認知），幫助科長做決策。這樣才能提高成功率。因為你已經在辦公室處理好了和辦公室主任的關係，所以現在他也不會想盡各種辦法去阻擾你的溝通和講解。

所以透過這個案例，我們可以看到，溝通是基於相互的理解和尊重的，同時要了解對方的需求。只有這樣，溝通才能減少誤會，才能朝著既定的方向前進，減少內耗和時間成本。

角色扮演教學法舉例

案例背景：

◆ 銷售人員角色資料

　1. 有關角色

　　　A. 你扮演的角色是 X 電器公司的銷售代表麥克。

　　　B. 你的夥伴扮演的角色是 Y 公司家電採購部主任珍妮。

　　　C. 在旁邊進行觀察的第三方是觀察員。

　2. 有關電器公司和路路達洋行簡介

　　　A. X 電器公司是世界上最大的小家電製造商，在

全球有廣泛的品牌知名度，剛剛進入亞洲市場。目前有 2 個工廠，主要生產電熨斗、電鍋等小家電。在市場上的主要競爭對手是 O 公司，一家大型企業。其產品線及銷售模式與 X 公司基本相同。

B. Y 公司是一家大型公司，每年有 2 億元的分銷實力，僅次於 Z 公司，Z 公司的年銷售額達 2.5 億元。

3. 基本資訊

這次會面是你和珍妮的第一次會面。對於這次會面，你事先已經和她透過電話預約。

4. 你的任務

按照銷售開場白的要求，20 分鐘內設計並說出你的開場白。如果你的開場白沒有被客戶接受，唯一的原因是你沒有遵守課程所要求的有關開場白的全部或某一個步驟。開場白被接受就說明你的任務已經完成，你不必進入具體洽談生意階段。

5. 你的權利

A. 你可以在表演中途稍微停頓，以整理思路。

B. 觀察員會根據你練習的狀況，給予你必要的協助，因此他很可能會中途打斷你和客戶的談話；你也可以隨時中斷談話，向觀察員詢問有關技

巧練習的資訊或進行某項技巧的求助。

C. 你可以自由設計開場白的目標，但必須按照開
場白的步驟進行闡述。

6. 你的義務

A. 成為劇本中的角色，設身處地按照角色的要求
表現行為。

B. 你的目的是練習技巧，必須按照技巧模式練習，
絕對不能使用與技巧模式無關的方式達成目標。

7. 技巧複習：開場白

銷售代表和客戶見面的 10 分鐘內，運用開場白的技巧形
成有利於洽談生意的氛圍，開場白的具體步驟如下。

(1) 說明拜訪目的

(2) 闡述拜訪利益

(3) 陳述拜訪要點

(4) 詢問是否接受

◆ 客戶角色資料

背景資料：

1. 有關角色

A. 你扮演的角色是 Y 公司家電採購部主任珍妮

B. 你的夥伴扮演的角色是 X 電器公司的銷售代表麥克。

C. 在旁邊進行觀察的第三方是觀察員。

2. X 電器公司和 Y 公司簡介

A. Y 公司是一家大公司，每年有 2 億元的分銷實力，僅次於在該地區年銷售 2.5 億元的 Z 公司。分銷網路可以覆蓋 1/3 的重要百貨店和中型超市以及便利商店。你為此深感自豪。

B. X 電器公司是世界上最大的小家電製造商，最近剛剛進入亞洲市場。X 電器公司的競爭對手是 O 公司，一家大型企業。

3. 基本資訊

這次會面是你和麥克的第一次會面。你猜想這次會面可能是有價值的，因此在電話中同意了他的面談要求。

4. 你的任務

配合銷售人員練習開場白的技巧。銷售人員將在 20 分鐘內向你闡述他有關此次拜訪的開場白。如果你發現他的開場白沒有遵守課程要求的所有步驟或某一步驟，不論他說什麼，你都說：「我沒有興趣。」如果銷售代表所做的開場白完全遵守課程標準，則你必須接受他的開場白。你不必和銷售代表進入具體洽談生意階段。

5. 你的權利

    A. 你可以在表演中途稍微停頓，以整理思路。

    B. 觀察員會根據你練習的狀況，給予你必要的協助，因此他中途很可能會打斷你和銷售代表的談話；你也可以隨時中斷談話，向觀察員詢問或求助有關技巧練習的資訊。

    C. 如有必要，你可以設計與案例吻合的一些細節，不必在與技巧練習無關的細節上浪費時間。

6. 你的義務

    A. 成為劇本中的角色，設身處地按照角色的要求表現行為。

    B. 你的行為是銷售人員判斷自己是否進行了正確行為的訊號，因此，如果銷售人員使用與技巧模式無關的方式對達成目標進行嘗試，你一定要說：「不，不行，我沒興趣」之類的話拒絕他。

7. 技巧複習：開場白

銷售代表和客戶見面的 10 分鐘內，運用開場白的技巧形成有利於洽談生意的氛圍，開場白的具體步驟如下。

(1)總結說明拜訪目的

(2)闡述拜訪利益

(3) 陳述拜訪要點

(4) 詢問是否接受

◆ 觀察員角色資料

1. 有關角色

A. 你扮演的角色是觀察員。

B. 演員扮演的角色分別是：

X 電器公司的銷售代表麥克；

Y 公司家電採購部主任珍妮。

2. X 電器公司和 Y 公司簡介

A. Y 公司是一家大型公司，每年有 2 億元分銷實力，僅次於在該地區年銷售 2.5 億元的 Z 公司。Y 公司的分銷網路可以覆蓋 1/3 的重要百貨店和中型超市以及便利商店。

B. X 電器公司是世界上最大的小家電製造商，在全球有廣泛的品牌知名度。最近剛剛進入亞洲市場。目前有 2 個工廠，主要生產電熨斗、電鍋等小家電。在市場上的主要競爭對手是 O 公司，一家大型企業。其產品線及銷售模式與 X 公司基本相同。

3. 基本資訊

這次會面是珍妮和麥克的第一會面。他們事先已透過電話預約。

4. 你的任務

配合銷售人員練習開場白的技巧。

銷售人員將在 20 分鐘內闡述他有關此次拜訪的開場白。具體來說，你需要做以下工作。

(1) 對整個角色扮演過程進行監督和指導並填寫「觀察表」

　　A. 如果銷售代表沒有按照開場白的步驟闡述開場白，而客戶接受了，你要制止，告訴客戶他應該說「沒興趣」。

　　B. 如果銷售代表按照開場白的步驟正確地闡述了開場白，而客戶沒有接受，你要制止，告訴客戶應該接受。

　　C. 如果客戶一次說出了太多的數據或不給銷售代表機會，你要幫助他弄明白該怎麼做。

　　D. 如果銷售代表或客戶向你尋求幫助，你應給予協助。

(2) 角色扮演結束後，提供你的回饋

　　A. 詢問銷售代表和客戶他們自己的感受，請他們做自我總結。

B. 如果必要，圍繞以下問題提供你的回饋。

    (a)銷售代表哪些技巧及話語例項完全符合課程標準。

    (b)銷售代表忽略了哪些技巧或者步驟？或者，哪些技巧或步驟運用得不正確？

5. 你的權利

A. 只有你可以看雙方的資料，但他們不能看你的資料或互相看對方的資料。

B. 你可以中途打斷演員的談話，對其中任何一方進行指導。

C. 任何人均可以設計與案例吻合的細節，不必在與技巧練習無關的細節上浪費時間。

觀察記錄表

具體步驟	銷售代表的行為	客戶的反應
說明拜訪目的	正確例子： 錯誤例子：	
闡述拜訪利益	正確例子： 錯誤例子：	
陳述拜訪要點	正確例子： 錯誤例子：	
詢問是否接受	正確例子： 錯誤例子：	
備注要點		

◆ 講師工作

（1）事先準備好角色扮演練習說明書，並按照銷售人員、客戶、觀察記錄者這三類角色做好整理和分類。

（2）把學員按照 3 人一組進行分組。其中 1 人扮演銷售人員，1 人扮演客戶，1 人扮演觀察記錄者。

（3）發放相應的角色說明給各個角色，並簡單強調裡面

的注意事項。

(4) 觀察者是這次角色扮演的重要角色，一般由資深員工擔任，並在整個過程中給予銷售人員指導，並有權停止銷售人員和客戶的錯誤練習。

◆ 學員角色扮演並發表觀點，觀察員給予點評
◆ 講師點評和總結

很多時候，身為一名銷售人員，對開場白這種細節並不是很重視，認為這是可有可無的事項，而非關鍵事項。其實透過練習，我們才知道，一個好的開始是成功的一半。只有充分勤加練習，並依據一定的開場白步驟，我們才能和客戶在一開始就建立起良性的關係，為後續的商務溝通打下堅實的基礎。

課堂練習讓我們找到感覺，並對開場白的步驟有一個比較直觀的認識。如果要熟練掌握開場白，並能在未來下意識地運用，還需要大家在課後多加練習。

3. 影片案例教學法

(1) 概述

影片案例教學法是指打破過去單純運用聲音、文字進行溝通的方式，而改為採取影片片段及學員之間互動交流來「刺激」學員，使學員在視覺、聽覺、觸覺上形成多方位

的「感受」，從而使之產生「體驗」。因為經過調查發現 70%
以上的學員是屬於視覺學員。正如激勵大師安東尼・羅賓斯
（Anthony Robbins）所說的：「要激勵一個人，使之獲得『體
驗』遠比『說教』更來得有效。」

（2）適用範圍

影片案例教學法多用於新晉員工的培訓，用於介紹企業
概況、傳授技能等培訓內容，也可用於概念性知識的培訓。
影片案例教學法也適合學員自我學習的情況。它幾乎涵蓋了
任何專業主題，包括企業實務操作規範程式、禮貌禮節行為
規範等，可滿足標準化、長距離或學習地點分散的需求。

（3）操作步驟

◆ 準備階段

    ✧ 根據實際需要自拍教學影片
    ✧ 透過電影、連續劇、綜藝節目等剪下需要的教學影片

◆ 實施階段

    ✧ 影片的匯入
    ✧ 影片的觀看
    ✧ 影片的講解
    ✧ 影片的討論
    ✧ 影片的發表
    ✧ 影片的總結

影片案例教學法舉例 1

案例背景：連續劇的某段影片

在戰場前線，李雲龍和張大彪的一段對話。

李雲龍：張大彪，師部和野戰醫院轉移了沒有？

張大彪：報告團長，已經全部撤離。

李雲龍：這回我們可以放開手腳和敵人大幹一場了。去！抓個活的問問，對面的敵人是哪個部隊的？

張大彪：（馬上次答）日軍第四旅團的阪田聯隊。

李雲龍：阪田聯隊？怎麼聽著這麼耳熟啊？

張大彪：（馬上次答）上次雲嶺戰役。孔捷的獨立團就是和這個聯隊打了一仗。團長孔捷負傷，李文英犧牲。你說過它是我們的死對頭。

李雲龍：好呀，今天是撞上了。算它倒楣，我正思索著為我那兩位老戰友出口惡氣呢。它還來了。阪田這個兔崽子，我非碾碎了他不可。

張大彪：團長，他們可是號稱精銳啊！要不這次我們就……

李雲龍：什麼精銳！我就不信邪，我打的就是精銳！傳我的命令，全體上刺刀，準備進攻！

張大彪：（滿臉疑惑）進攻？團長，現在是敵人在進攻啊！

李雲龍：沒聽見命令嗎？聽仔細了。啊！到了這個份上我們不會做別的。就會進攻！

張大彪：（剛毅堅決）全體上刺刀，準備進攻！

◆ 講師提問：

1. 請問在這段影片裡面，張大彪身為一個下屬，有哪些好的表現？ 2. 這些好的表現對於我們身為一個稱職的下屬有何啟發意義？

◆ 學員討論並發表觀點
◆ 講師點評和總結：

這段影片時間雖然不長，只有 1 分多鐘。但在裡面卻有好幾個點展現了張大彪身為一個優秀的下屬所展現的優點。也難怪李雲龍到哪都離不開張大彪。李雲龍當團長，張大彪就當營長；李雲龍當旅長，張大彪就當團長；李雲龍當師長，張大彪就當旅長。

首先我看到，李雲龍讓張大彪去抓個活的問題，對面的敵人是哪個部隊的。這時候張大彪去抓一個俘虜問問是絕對來得及的，因為李雲龍也是剛下的命令。可是張大彪卻馬上就回答是阪田聯隊的，這說明張大彪已經提前去做了，已經想到上級前面去了。請問如果你是上級的話，碰到這樣的下屬你會怎麼想？你會開心嗎？你當然會開心了，因為這樣的

下屬多省心啊，而且做事情都想到你前面去。急你所急，想你所想。所以這是這段影片中張大彪做得好的一點。

再來看看李雲龍說阪田聯隊，怎麼聽著這麼耳熟呢？說明這時候李雲龍的大腦在搜尋關於阪田聯隊的資訊。而這時候張大彪又幾乎是脫口而出，就把阪田聯隊的各種資訊以及和自己部隊的交戰史等都一一做了說明。請問，他要做到脫口而出，對這些資訊做到倒背如流。他是否做過了準備？肯定做了準備的，而且是花了心思的。所以主管非常喜歡這樣的下屬，自己記不住的資訊，自己沒把握的資訊，都可以問這樣的下屬，簡直就是自己的活字典、智囊。上級會越來越覺得自己離不開這個下屬了。做一個下屬能做到這樣的境界，就很厲害了，上級去哪一般都會帶上你的。而上級最不喜歡的下屬是對工作不用心的人，凡事不會多去想，不會去思索，上級一問起來，什麼都是不知道，不清楚。請問這樣的下屬你還期望上級能夠給你更多機會？能夠更加關注你？恐怕答案是否定的，你只會越來越遠離上級。

再有一點是在最後的時候。李雲龍要張大彪發動進攻。但是張大彪很疑惑，因為現在是敵人在進攻，而且實力上來說是敵強我弱。但是當李雲龍強調要馬上發起進攻、別無選擇的時候，張大彪就馬上開始轉變態度，大聲自信地釋出命令：「全體上刺刀，準備進攻！」為什麼短短兩秒鐘的時間，張大彪的神情會有如此大的差別？是不是展現了超強的執行

力？如果主管下命令你不去執行，出了事情，請問是誰的責任？那就是你的責任了。如果上級下命令，你去執行了，結果還是出問題了，請問是誰的責任？那就是上級的責任了，因為你已經去執行了。所以執行還是不執行是一個非常大的原則問題，會影響上級對你的個人看法。也許張大彪這個層面並不一定清楚李雲龍為什麼要做這個決定，因為上級站得高，看得遠，得到的訊息也比下屬多。但是你不知道主管的意圖並不影響你去執行上級的決策。所謂「屁股決定腦袋」，上級的位置決定了你要接受他的命令。所以可以看出張大彪是一個非常職業化的下屬，即使他在一開始很迷糊，不知道上級下決定的意圖，但是當上級強調之後，他就立刻轉變態度，堅決執行上級的命令。這些都在為他的職業生涯加分。

所以一個下屬能夠得到上級的喜愛和信賴，能夠一步一步往上提拔和升遷，肯定是有自己的過人之處，只有講求方法，尋求出路，做更多超出上級期望的事情，你才能在職場收穫屬於自己的成功。

影片案例教學法舉例

案例背景：「兩個人做調查研究的不同經歷」的影片

旁白說明：小王和小張是好朋友，小時候一起長大，高中畢業後同時受僱於一家超級市場。兩人的起點一樣。但小張得到老闆的賞識，不久就提升了。小王不服，於是向總經

理提出辭職，並藉機斥責老闆沒有眼光，僅會提升那些就會阿諛奉承的人，卻不提拔辛勤工作的人。總經理知道小王是一個工作很認真、又肯吃苦、適合現在職務的人。為了讓小王心服口服。總經理想出了一個辦法。

總經理：我現在很忙，你能不能替我去辦一件事情。

小王：好吧。

總經理：你馬上去市場做一下調查研究，看看有賣什麼東西的？

小王：那行，我現在就去。

40分鐘之後，小王從市場調查回來了。

小王：老闆，我調查了一下，現在市場上有個老農在賣馬鈴薯。

總經理：哦，多少錢1斤？

小王：(抓耳撓腮)啊？這個我沒問啊。

總經理：那你去再看一看。

小王：沒問題。

總經理看著小王離開後，苦笑著搖了搖頭。

又一個40分鐘過後，小王從市場調查回來了。

小王：老闆，馬鈴薯是10塊錢1斤。

總經理：那總共有多少斤呢？

小王：（滿臉疑惑，再次撓頭）啊？那我沒……沒……問。

總經理：你再去問問啊！

小王：啊，那好吧。（再次起身離開）

總經理看著小王的背影，又搖了搖頭。

又一個 40 分鐘過後，小王滿頭大汗地從市場調查回來了。

小王：老闆，有 300 斤馬鈴薯。

總經理：那他這 300 斤馬鈴薯的品質怎麼樣？

小王：哎，我還沒來得及看呢。（小王愧疚地摸了摸頭）

總經理：小王，你先休息一下。（總經理拿起電話，撥了個電話）

總經理：喂，小張嗎？你馬上到市場去看一下。看市場上有賣什麼東西？對，馬上就去。

1 個小時不到的時間，小張就回來了。

小張：老闆，到目前為止市場上只有一個農民在賣馬鈴薯。整整一車，有 20 袋。價格適中，10 塊錢一斤。品質也不錯，大概有 300 多斤。

總經理：（露出欣慰的笑臉）好的，我知道了。小張辛苦了，你先回去吧。

小張：好的，老闆。啊，老闆。這個農民還帶了一筐番茄。番茄的品質很不錯，價格也很公道，不知道我們要不要？

總經理：番茄啊？

小張：對啊，這個老農自己種了十幾畝呢，現在正在找銷路。

總經理：那你馬上做一下準備，待會我們一起去和那個老農談一談。

小張：老闆，不用了。今天早上我去庫房領料的時候，倉庫管理員說，我們的番茄不多了。供應商現在還沒有找到，您不也正在找嗎？

總經理：對，對！

小張：我剛才回來的時候，就把他一塊叫來了。現在正在外面等著和您談呢。

總經理：（喜出望外）是嗎？那太好了！你真能幹，快叫他進來。

小張：哎，好的。

旁白：小王聽了之後，什麼都明白了，一聲不吭地走開了。

◆ 講師提問：

1. 為什麼小張能得到提拔？他做對了什麼？ 2. 職場中需要什麼樣特質的人？

◆ 學員討論並發表觀點

◆ 講師點評和總結：

有一句英文很流行。叫 Work hard 還是 Work smart ？看了這個影片案例，你或許已經找到答案了。Work hard 確實是一種非常好的特點，勤能補拙，透過努力和勤奮也能創造不錯的成績。但是一味的 Work hard 卻沒有抬頭看路，沒有想著去變通，去思考，沒有去總結成功經驗，有時候也會陷入死胡同，可能會花費很多的時間去做一件看起來很簡單的事情，就像這個影片中的小王一樣。如果能夠像小張一樣，不僅工作勤奮，同時也懂得思考，舉一反三，聰明地工作，那可能就會取得更大的成績。

所以，同樣資歷的兩個人，在進入職場不久後，小張得到了提拔，而小王還只是一個基層員工。小張懂得觸類旁通，用帶有自身思想的方式去接受上級的安排，所以他能透過一個安排做出很多項衍生的事項，因為他在思考，在成長。而小王只是就事論事，單向地接受上級的安排，上級安排什麼就做什麼，安排多少就做多少，完全沒有自己的想法和主動性，這就導致成長偏慢，缺乏核心競爭力，很容易被人替代。

你是要 1 個有 10 年工作經驗的人，還是要 10 個有 1 年工作經驗的人？相信很多人都會不假思索地說要 1 個有 10 年工作經驗的人。但是很多人卻在工作 10 年後發現自己只有

10 個 1 年工作經驗的人，除了年齡、脾氣、皺紋增多之外，經驗卻沒有增加太多。因為他們在工作的時候從來沒有主動思考，只是被動地混日子，或者一味「辛勤」地工作。

因此希望大家能像小張一樣，凡事比上級希望的多想一點、多看一點、多問一點和多做一點。日積月累，你的收穫絕對會超過其他沒有這麼做的同事。

影片案例教學法舉例

案例背景：「非誠勿擾之連環四問法」的影片

這是非誠勿擾電影中葛優相親的一個片段。

葛優：第一次見面，妳對我印象怎麼樣？

相親對象：跟想的差不多，我其實不太關心人的外表。我看中的是人心。善良、孝敬父母的人，就算我沒看上你，你也一定能娶到一個好老婆的。

葛優：妳還真是外表時尚、內心保守啊。難得！

相親對象：你父母親都還健在嗎？

葛優：父親年前去世了。老母親還在，我怕她身邊有事沒人在，就回來了。

相親對象：你媽媽多大年紀了？

葛優：70 多了。

相親對象：你爸爸呢？安葬在哪個地方呢？

葛優：八寶山，骨灰堂存著呢。

相親對象：你媽媽年紀也大了，你要是孝順的話，就應該好好的為他們選一塊福地。老年人講究入土為安。

葛優：這妳就甭操心了。我虧待不了他們。

相親對象：我覺得身為一個男人，要有責任心，要有孝心，就算賺的錢不多，只要是你父母親需要，就在所不惜，這樣的男人才可靠，你誠實地告訴我：你是這樣的男人嗎？

葛優：應該是吧。

相親對象：可是我覺得你不是。你爸的骨灰，還放在那麼小的一個格子裡。你媽要是也進去了呢？難道還讓他們兩個老人家都擠到一個小格子裡啊？清明節掃墓，你連個燒紙上香的地方都沒有。你說你這叫孝順嗎？

葛優：我為他們買塊墓地不就行了嗎？不是花不起錢，我走那會兒，只有烈士才有墓地呢。老百姓都存架子上。這點妳放心，妳要知道哪有，給我選一處。只要是風景好的，我馬上就辦。我們兩人要是結婚。我連妳的碑都先刻好了，保證不讓妳在架子上存著。

相親對象：其實這也是一種投資。（說著從包裡掏出一份墓地說明書）你只要出 15 萬元，就可以買到一塊皇家風水墓地。15 萬元，也就是你往返美國的一張機票錢。等過幾年，同樣的一塊墓地就可以賣到 150 萬元。到那個時候，你

再轉手把它一賣就可以賺十倍。

　　葛優：等一下。（若有所思）我賣了，我媽我爸埋哪兒啊？

　　相親對象：你可以買兩塊啊！你要是買兩塊的話，我們公司可以打 95 折給你。

◆ 講師提問：

　　1. 這位業務透過哪些問題把對方引導到產品上來的？
2. 這位業務有哪些地方值得你學習？

◆ 學員討論並發表觀點
◆ 講師點評和總結：

　　越是優秀的業務，銷售的意味反而越淡，通常他們在聊天中就做成交易了。這樣的銷售已經到了很高的境界，所謂無招勝有招。這位女業務正是一位這樣的高手。

　　透過簡短的一段交流，這位業務員就順理成章地把墓地推薦了出去。我們來分析分析她都是怎麼做的？女業務員所說的每一句話其實都在為她後面的推薦做鋪陳。一開始她就丟擲了自己看中的人是善良和孝敬父母的人，接著就提出了第一個問題：你父母親都還健在嗎？透過這個問題來探求對方的需求，找準後續溝通的方向和節奏。接著問第二個問題：你媽媽多大年紀了？透過了解媽媽的年齡又再次把話題引導

到孝順，要為父母選一塊福地，追求入土為安。

第三個問題透過封閉式的方式提問。告訴對方什麼樣的人才算是一個孝順的、有責任心的男人，然後反問對方，你是這樣的男人嗎？

接著否定對方的回答，因為對方沒有為父母準備墓地，最後再帶出第四個問題，同樣是封閉式的：你沒為父母準備墓地，讓他們以後擠在一起，你覺得你孝順嗎？

葛優毫不猶豫地就說那買一塊不就行了嗎？只要有好的，我馬上就辦。於是女業務就順勢拿出墓地的產品說明書，說明其升值價值，同時淡化其價格。

至始至終都是女業務在引導葛優進行整個談話過程。在了解資訊的時候，女業務用開放式的問題；當要給葛優「挖洞」的時候，又轉為問封閉式的問題。同時每一步都經過精心設計和安排，沒有半句廢話。這就是成功的業務所應具備的特質。

最重要的是，女業務選擇用相親這種方式找到客戶也是一種創新的做法，同時客戶的尋找也很有技巧，一般都是中年男性；這樣的男性父母年紀偏大，才會可能有墓地的潛在需要。如果他找的是年輕人，即使說得好，但是成交機率也不高，因為暫時用不上。所以，找準客戶很重要，所謂選擇比努力更重要。

「哇塞，這個內容聽了之後太過癮了。」許靜情不自禁地豎起了大拇指。

「是的，能把傳統的教學活動做好，把這三種教學法做好，其實學員的收穫也是不小的。」王振補充道。

「是的，這樣的講解和練習就讓案例、影片這些材料都有了生命，能被不同的老師或者學員群體演繹出不同的觀點和思路。這就是心電圖的魅力所在吧！」許靜說道。

「是的，妳說得沒錯！」王振說，「接下來我再講講第二類給妳聽：主動學習的課堂學習活動吧。」

「好的，我都等不及了。」許靜迫不及待地說道。

「主動學習就是把絕大多數討論和總結的任務給學員，老師只是示範技能。然後讓學員總結出知識點、怎麼做、為什麼做等內容，最後學員結合自己得出的內容進行練習，並作總結。」王振說道。

「所以，這種方式往往會花費更多的時間。」許靜補充道。

「是的，但是效果會比較好，因為整個過程都是學員自己思考的結果。」

「我舉個例子給妳聽，什麼叫主動學習。」王振說完隨即遞給許靜一張 A4 紙。上面是兩個導購話術的案例。

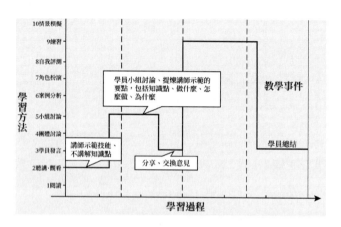

主動學習的課堂學習活動圖例

主動學習的課堂案例

背景說明：建築陶瓷產品作為購買金額高、使用週期長的耐用消費品，顧客在選擇產品時往往保持著非常謹慎的心態：他們總是透過各種管道收集產品資訊、了解市場行情，貨比三家，反覆甄選後才能夠做出購買決定。同時，由於行業的低關注度和產品特徵的內斂，普通顧客對於產品缺乏基本的認識和了解，很難判斷產品品質的優劣，一般只能透過對於花色和價格的考量做出選擇。這就對建陶產品的導購提出了很高的要求。

對話 1：

導購：老闆，來選磁磚呀？

顧客：嗯，隨便看看。你們這磁磚怎麼樣？

導購：您放心，我們這磁磚是名牌，都是採用的進口原材料，用義大利進口的 7,800 噸壓磚機壓出來的，防滑耐磨，抗折抗彎強度高，品質好得很。我們這個牌子還是著名商標，產品國家免檢呢！

顧客：這款地磚很漂亮，多少錢？

導購：您說這款呀，現在特價，500 元一片，一平方公尺總共 800 元多。

顧客：啊，怎麼這麼貴，隔壁沒特價才 400 元一片，才總共一平方公尺 610 元多，你這個比人家貴這麼多，還特價呢！

導購：老闆，我們這是名牌貨，品質好呀。一分錢一分貨！

顧客：那我再看看吧。

顧客走掉了，而且也沒有再來看看。

對話 2：

一位衣冠楚楚的年輕顧客氣宇軒昂地走進專賣店，小魏迎上前去。

小魏：老闆，來選地磚呀？

顧客：嗯，隨便看看。

小魏：一看您這身名牌，就知道是有錢人。您在哪裡置辦豪宅呀？

顧客：哪裡哪裡，妳真愛說笑，我們這種窮人哪買得起豪宅，就是買了個小房子。

小魏：您買的房，是朋友或者鄰居介紹來我們店的嗎？

顧客：不是，我自己逛過來的，為什麼這麼問？

小魏：是這樣，這附近有好多業主都是用我們的磚，我以為是老顧客介紹來的。

顧客：哦，是嗎？我怎麼不知道我們社區有這麼多人用你們的磚。

小魏：您不信，等一下，我去拿銷售紀錄給您看看。

片刻之後，小魏拿著一個冊子走了過來。

小魏：你看，這些房地產都有很多客戶用我們的磚。

顧客：好像是有不少，現在買妳的地磚有什麼優惠嗎？

小魏：這裡的業主大多數都是在外資公司上班的白領階級，我們針對這些客戶推出了兩款推薦產品，購買這兩款產品的話有現在能夠享受特價優惠和超值服務。您看一下，就是這兩款產品。

顧客：確實不錯，特別是這款綠的，看上去清新淡雅、很高級的樣子。

小魏：您真是有眼光，這款「清溪流泉」賣得最好，我們的客戶百分之八十都是選用的這款產品。像您這樣的菁英，

工作壓力肯定特別大，每天要很晚才回家。回家一開燈，地磚淡雅的色澤在燈光的映照之下，就好像是綠色的小溪在流動一樣，多麼提神呀。你肯定知道，綠色是所有顏色當中，最能夠讓人放鬆心情的顏色。

顧客：花色是不錯，多少錢一片。

小魏：這款地磚是我們針對白領菁英族群推出的頂級產品，原價 850 元一片，你是這附近的業主，可以享受團購價八八折，748 元，也就是個中間偏上的價格。

顧客：哇，這麼貴。隔壁看上去花色差不多的地磚標價才 500 元而已，砍價以為還能便宜點，妳打完折還要比人家貴一半，這個價錢也太離譜了吧。

小魏：你看，這是一支油性筆，你在這片磚上隨便寫幾個字。

顧客按照小魏的要求在磚上寫了幾個字，小魏拿起一塊抹布又輕輕地將字跡擦去。

小魏：為什麼說我們這款磚是針對白領菁英族群專門推出的呢？就是因為它擁有頂級的防汙能力。我們這個磚從配方到選料，從研磨到燒成，全都採用從義大利和西班牙進口的機器設備和上等原料，最後再應用奈米技術對這片磚進行防汙處理。您想想，當您不小心把茶、油、墨水、葡萄酒這些東西不小心灑在地上的時候，只要用抹布一擦，就還您一

個乾淨的地面。既不用您每個月固定請人打掃，又不用在家裡準備一大堆酸性、鹼性的清潔劑，蹲在地上擦半天，又省錢又省時間，多划算呀。

顧客：人家隔壁店裡的磚也能擦掉呀！

小魏：我知道，不僅僅是隔壁，現在很多牌子的磚都做這種防汙處理。但是請您注意，能夠擦掉水性筆留下的痕跡是拋光磚基本的防汙能力，我們這裡用的是油性筆，油墨的附著和滲透能力遠遠勝過水墨，只有能夠擦掉油性筆痕跡的磚才是真正防汙的好磚。我把這支筆和這塊抹布都借給你，省得你以為筆和抹布上作了手腳，現在你去其他店裡照我們剛才的樣子做一遍，看看是不是還能擦掉。

顧客：好，我不去別的店裡試了。就算我相信妳說的，你們的磚防汙能力好，可是也貴不了這麼多呀！這樣吧，每一片我多出 50 塊錢，550 元一片。妳要是覺得可行，我就交定金。不行的話，我就再去別家。

小魏：是這樣的，老闆。我們這個 748 元是含著很多服務在裡面的。別的店送貨是送到樓下，我們是送貨上門。您知道的，請搬運工的話，一箱磚上一層樓要收 50 元，您住幾樓？七樓。一箱 3 片磚，這樣的話每一片磚要攤 110 元。而且我們這款產品是送鋪貼的，一片 800×800 規格的磚鋪貼費 50 元，技術好一點的師傅 45 元，加上水泥沙，至少 70

元，我們都是合作了很多年的老師傅，技術很好，鋪貼完之後還無條件把多餘的磚和水泥沙退回來。這些服務的成本就在 100 元左右，把這些扣掉我們的磚也就差不多 640 元。選我們的磚，您只要到時候等著工程驗收就行了；您要是買別的品牌，還要自己去市場裡買水泥和沙子，自己請師傅，還要時刻盯著怕他偷工減料鋪不好，鋪完以後多出來的磚、水泥和沙子還要自己處理，算算這些成本和時間精力，我們的產品價格並不貴。

小魏說完之後，把手插進褲兜，好像在什麼東西上按了一下。（呼叫支援）

顧客：妳說的是很有道理，但是就是這樣，你們的磚也仍然要比的品牌貴上 100、150 元……

這個時候，店裡的另外一個導購小劉急匆匆地跑過來，對著小魏說：「魏姐，昨天買『清溪流泉』的業主打電話來了，你昨天跟人家說的是 790 元。單子上沒寫，現在送貨的小李非要按 840 元收錢，你趕緊打個電話給小李說一下，人家業主生氣了。」

小魏：好的。老闆，您稍等一下，我馬上就過來。

小魏走開後，顧客好像很無意地問小劉：你們這款磚賣得好像不錯呀？

小劉回答：是呀，這款地磚品質好，又是現在最流行的

花色，賣得很快。除了市裡幾個高級社區的團購以外，平常對散客一塊錢都不打折的，昨天這個是我們會計的朋友，請示了經理，才給便宜了 50 塊錢。

兩人正在聊著，小魏走回來：這樣吧，老闆。看您誠心想要，我這邊還有點事，我們乾脆點。我填個特價申請單，就說您是隔壁 A 建案二期的業主，同意作樣品戶，要求享受優惠。我填個 640 元，不過我猜核准不了，一期的樣品戶核准的是 690 元，二期猜想只能比這個高不會比這個低，我盡量努力吧。

顧客：好的，妳幫忙多說說好話，爭取核准的低一點。七樓是樓中樓，面積大用的磚多，裝出來效果好。

小魏：好的，請您稍等。

小魏當著顧客認真地填完特價申請單之後，表情凝重地走進了辦公室。過了十多分鐘，正在顧客等得心急的時候，小魏揮舞著申請單，興沖沖地跑出來。

小魏：老闆，這次你要請我吃飯。我好說歹說，經理居然批了個 680 元，比一期的那個樣品房還便宜。猜想他是忘了，你趕緊去交定金開單，把事情定死。

顧客拿過申請單，上面龍飛鳳舞的寫著：「充分利用樣品房，加快對 A 建案二期的社區推廣進度，同意 680 元。劉。」

顧客：好的，那真是太感謝妳了，我現在就去交定金。謝謝你了。

等許靜看完這份資料後，王振說：「我會在課堂上找一位學員上臺和我一起把這2個話術現場演一遍。等我演繹完之後，我就直接讓學員以小組為單位討論第二個案例中小魏成功的關鍵點有哪些？有哪些關鍵步驟？有哪些相關的銷售知識點？為什麼要這麼說？以及當你碰到這個問題的時候你會怎麼做？當他們討論好之後，就讓他們派代表輪流去各組分享，把自己組的想法帶出去，同時把別的組的想法帶回來。」王振喝了口水，「當他們出去分享完回來，再給他們一些時間結合剛剛聽到的思路和想法，再做一個小組討論，完善和修改本組的思路和想法。同時老師會給出一個相似的練習場景，讓學員在小組內，組成兩人小組，依照本組探討的方法、結論和步驟進行現場的話術演練，練習完之後互相給予點評，找出優點及待改善的部分。練習完之後，學員會對新方法、新技能和新知識點有更加直觀的看法，這時候，再組織學員進行小組的總結提煉。」王振說道。

「所以老師只負責匯入場景，其他的知識點、步驟、方法等都要靠學員自己去發現。我發現這樣的課堂其實對學員的能力要求也是很高。學員一定是有一些職位經驗的，不是零基礎的，只有具備專業基礎，才能從個案中總結出方法、步驟和話術，用來指導未來場景的使用。而如果針對初學者，這種方式可能不適合，傳統的教學活動可能更適合他們。」

「妳說的沒錯，這種學習活動更適合於有一定專業基礎的

學員去做一些探索，透過探索尋找到一些工作的新思路和新方法。這樣對於他們的成長反而會更好。因為提升過後，未來的成長是否穩健和快速，很多時候還是取決於學員自身的思考，舉一反三，以及透過個案總結共性規律的能力。」王振認可許靜的說法。

第三類方法：基於問題解決的課堂學習活動

「最後，我們簡要地來說說基於問題解決的課堂學習活動。這種方式要來解決病構問題，所謂病構問題就是組織以前對解決這個問題沒有什麼成功經驗，尚無統一成形的方法和規律的。所以第三類問題的課程時間普遍較長，而且還涉及課後的實踐。」王振說道。

「看起來這個難度是最大的？」許靜問道。

「差不多可以這麼理解吧。基於問題解決的課堂學習活動可以幫助解決真實存在的問題，達到績效改進的目的。」王振在白板上寫下了績效改進這幾個字，「舉個例子，假如我們集團想提升客戶滿意度。於是我們就把相關學員召集在課堂，讓他們分組進行討論，用世界咖啡、群策群力、腦力激盪、心智圖、魚骨圖等方法討論出具體的提升客戶滿意度的策略、方法和計畫，並落實責任人及事項的完成時間。大家討論好之後，就開始回到工作職位執行自己所領到的計畫和方法。一段時間之後，大家再聚首。回顧這段時間計畫的落

實情況，談談做得好的心得經驗並分享，對於阻力和挑戰大家互相幫助，找到解決阻力的辦法。大家帶著新思路和新方法再次回到工作職位，繼續實施提升客戶滿意度的計畫。如此幾個回合，可以有效幫助企業提升客戶滿意度。最後大家帶著各自的成功經驗回到課堂再次進行總結。為整個專案畫上一個完美的句號。」王振以簡單的方式為許靜舉了個例子。

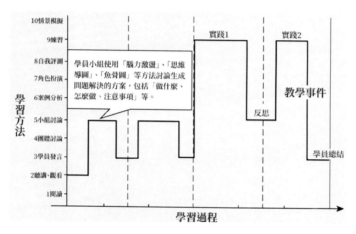

基於問題解決的課堂學習活動圖例

「這種方式對於問題的解決還是卓有成效的，就是時間偏長，同時對參與專案的學員的能力和自覺性要求也不低。」許靜說道。

「是的，很多外資企業都用這種方法改善和解決企業現實存在的問題，還是非常有效果的，最著名的一家就是奇異（GE）了。」王振說道。

「今天你為我講解三類方法，幫我開了眼界了。我回去還得再消化消化。」許靜明顯感覺資訊量過大，需要回去重新消化。

第七講　內訓師的觀察與聆聽回饋技巧

「今一天定我們懂要得來『談察談言內觀訓色師』如何提高對學員的敏感度。身為一名內訓師，要隨時懂得依照學員的現場反應給予相應的教學內容和教學形式，這樣的課程才算是優秀的。而不是不管學員的死活，只顧把自己的內容講完。」王振說道。

「比如，妳在下午上課的時候，看到下面的學員幾乎都快昏昏欲睡了。請問這時候妳該怎麼辦？妳是繼續按照原來的內容催眠學員？還是應該換點別的內容？」王振問許靜。

「如果是這種情況的話，老師應該停止當下的授課內容，而是要轉換授課形式，給學員做做遊戲，講講故事，做個討論什麼的。引導學員的右腦動起來，讓學員先『活』過來，只有學員『活』過來了，他們才有可能聽進去我們的課程內容。」許靜回答道。

「是的，要記住隨時觀察學員的細微變化，並能透過這些細微變化來調整課程的展開形式。觀察一般有三個步驟。」王振邊說邊在白板上寫下了三個步驟。

1.　形體觀察：觀察學員的面部表情、頭部、坐姿等。

2. 行為觀察：學員在課堂內是認真聽講，還是玩手機，還是睡覺，還是交頭接耳等等。

3. 感受判斷：依據以上兩步的觀察做出是否對課程內容和形式進行調整的決定。

「妳覺得如果一個人對老師課程內容感興趣的話，會有什麼樣的行為表現？」王振問許靜。

「感興趣的話，一般會身體往前傾吧，會微笑地看著老師，同時會積極舉手發言，會點頭認可老師的內容，或者也會手托著下巴注視著老師，要麼就是嘴角往上翹，眼睛睜得大大的。我就想到這麼多。」許靜一口氣給出了很多答案。

「妳的回答很有價值。那妳覺得如果學員對老師的內容不感興趣又會有怎麼樣的表現呢？」王振繼續問道。

「不感興趣？不感興趣的時候學員可能就會兩眼無神、打哈欠，或者直接就睡著了；雙腿不斷換姿勢，坐不住，經常看手錶，看手機，或者翻閱書籍和雜誌；或者頭向下，雙手撐著頭等等。這些行為表現應該就是學員不感興趣或無聊的表現吧。」許靜回答道。

「嗯，不錯，表示妳還是做過一些功課的。在我們知道學員的一些細微表現所代表的含義後，我們就應該根據學員的行為表現來調整我們的授課形式和內容。」王振補充道。

「如果學員表現的行為是感興趣或理解的，請問妳要怎麼

做？」王振繼續問許靜。

「如果學員喜歡我的課，那我就繼續保持這樣的風格，繼續用心使學員一直處在這個階段。」許靜回答道。

「如果學員不喜歡你的課程，或者對有些感到不明白或抗拒的時候，你又該怎麼做呢？」王振繼續問道。

「學員如果對我的課程不感興趣。那我就得加大和學員的互動，用更多的形式引發學員的積極性，讓他們融入我的課堂。我也可以試著加快授課的節奏。」許靜頓了一下。

「如果學員對我的課程有不明白的地方或者抗拒的地方，那我就要把學員不明白的地方做一些自問自答的解釋和說明；或者換另外一種淺顯易懂的方式進行講解，如舉例子、打比方什麼的；還可以在課後找學員再為他們解釋一下，交換彼此的看法。」許靜回答得很流利。

「妳能想得這麼周到，表示上課時妳的學員也會得到這些關照。」王振對許靜豎了個大拇指。

「接下來再和妳分享一下內訓師的一項技能，那就是聆聽回饋技巧。」王振趁熱打鐵，「很多新老師，不太會去關注學員的發言和行為反應，並不是說他不關注學員，而是因為新老師普遍缺乏登臺授課經驗，能夠在臺上把內容完整講完已實屬不易，更何況要去用心聆聽學員說話並給予適當的回饋和意見了。」

　　「但是如果老師能夠在課堂上用心聆聽學員說話，並給予適當的回饋和意見，確實會讓學員感受到尊重和被重視的感覺。」許靜補充道，「既然聆聽回饋能夠使學員感受到尊重，那該怎麼來實現有效聆聽呢？」

　　「有效聆聽主要分為三個步驟。」王振起立來到白板前把三個步驟寫了下來。

1. 集中注意力
2. 理解其含義
3. 重述並回答

　　「首先要做到集中注意力，這是最關鍵的，妳要把注意力關注在前面和你溝通的這位學員身上。即使學員提出的意見與妳的觀點截然不同，也不能因此而受到內心所謂正確答案的干擾，或者不會因為周邊其他同學的干擾而影響妳的專注。所以這時候老師要做到『我的眼裡只有你，你是我的唯一。』」王振笑著喝了口水。

　　「第二步就是妳要有同理心，了解學員闡述這個問題、提出這個意見的感受是怎麼樣的？同時當妳不能理解他的含義時，還要向學員提問或澄清，以確保妳理解的和學員所說的是同一個意思，如果南轅北轍，不僅浪費時間，同時對學員的課程體驗也不是很好。」

　　「第三步妳要用妳自己的語言對學員的意見進行複述，

比如，可以說：『您的意思是……』或者『我可不可以這麼
理解……』無論妳的複述是否準確，學員都會給予相應的
回饋。這就是聆聽的三個步驟。妳有什麼疑問嗎？」王振問
許靜。

「嗯，暫時沒有疑問了。」許靜回答道。

「好的，接下來我們再來講講回饋的技巧。回饋有 4 種
技巧。」王振起立，邊說話，邊在白板上寫下了 4 種回饋的
技巧。

1. 分析性回饋
2. 補充性回饋
3. 重複性回饋
4. 挑戰性回饋

「關於這 4 種回饋技術，我這裡有一份資料可以給妳看
看。」說完，王振遞給許靜一份 A4 紙，上面羅列了 4 種回饋
技巧並舉例說明。

4 種回饋技術

回饋技術	解釋	舉例
分析性回饋	要求學員對自己的觀點做再次確認，並對自己的觀點加以分析和解釋。	小張，為什麼你會覺得第二步和第四步應該交換位置？可以說說你的理由嗎？

回饋技術	解釋	舉例
補充性回饋	當引導學員討論時，用補充性回饋的技術可以讓學員給出更多的答案。同時老師要保證學員在思考問題時教室的安靜。	小王，除了你剛剛說的這3個點之外，你還有想到其他的點嗎？ 剛剛大家小組的分享很精采，只是還有幾個關鍵點沒找出來，我再給各位5分鐘再來做個討論，看哪一組能把它找出來。
重複性回饋	對學員所表述的內容進行總結或複述（提煉關鍵字）	小張，你剛剛的意思是指要提升下屬能力，管理者的在職輔導是很重要的一項能力，也就是要做好輔導對吧
挑戰性回饋	對於學員的觀點提出不同的質疑與挑戰，這個難度較大，同時需要老師和學員之間有一定的信任度，否則雙方容易會產生對抗。	小王，你剛剛提到下屬離職比較頻繁，剛學點東西就走了，所以就不用花心思去輔導他們了，反正都是幫競爭對手培養人才，那你有沒有想過，如果你什麼都不教給下屬，那他們的離職速度是不是會更快？

「除了這4種回饋技術之外，我們還有一種特殊的回饋形式叫深度點評。」王振說道。

「點評？是指老師點評學員的那種方式嗎？」許靜反問道。

　　「是的。點評也是一個技術工作，點評到位、客觀，才會
讓學員心服口服，欣然接受老師的觀點和建議；反之則會讓
學員覺得老師在挑自己的刺，所以他也不會認真去聆聽老師
的點評。」王振說道。

　　「關於點評有這樣幾個步驟。」王振在白板上畫了一個
表格。

深度點評的 5 個步驟

五個步驟	相應技術
總體印象	總結來說……
閃亮優點	做得好的地方有……
薄弱缺點	有提升空間的地方是……
指導示範	如果這樣做就會更好一些……
小結鼓勵	總結來說還是不錯的，希望再接再厲

　　「比如，妳身為學員上臺做了一個開場白的練習。我就用
這 5 個步驟對妳做一個點評。總地來說，妳剛剛的開場白很
不錯，能在這麼短的時間內設計出一個結構完整、內容較豐
滿的開場白實屬不易。你問的 3 個問題都是封閉式的問題，
同時你在學員回答問題之後，都會給學員一些鼓勵和讚美，
這些都是做得很不錯的。如果你在講課的時候手勢能再開啟
一點，不要收得那麼緊，那麼妳的舞臺魅力將能征服更多的
學員。來，妳可以和我一起做一下這個手勢：讓我們請看大
螢幕，一起來思考以下 3 個問題。（右手掌心向上，五指併

攏，指向大螢幕。）對的，妳看這樣妳的肢體開啟之後，人就更美了。總地來說，你的這次開場白還是非常成功的，給人耳目一新的感覺，希望你繼續努力，在其他授課環節也同樣有優秀的表現。」王振現場為許靜舉了個例子。

「感覺點評的 5 個步驟是一氣呵成的，我一開始以為 5 個步驟會分得很明顯，結果你剛剛為我舉了個例子之後，我發現其實好的點評，學員是感受不到 5 個步驟的，因為老師已經內化了。但是因為是遵循 5 個步驟去做的，所以學員的感受還是非常不錯的。」許靜回答道。

「同時關於這個點評的技術，我還有兩個發現。」許靜說道。

「哦？說來聽聽，你有什麼發現？」許靜的話語顯然吸引了王振的注意力。

「第一個發現就是 5 個步驟裡面有一個指導示範。這就意味著老師在點評學員的時候，對於學員的薄弱項，老師不僅要說出來，而且還要現場演示一遍，讓學員知道這個薄弱項並不是沒法克服的，以此增強學員的信心。老師要做指導示範，意味著老師也要會做，同時還要做得好。因為要為學員做示範，做得不好那就是誤人子弟，這樣的老師是要遭學員唾棄的。」許靜一口氣把第一個發現講了出來。

王振笑了笑，對許靜豎了個大拇指，示意她繼續往下說。

「第二個發現就是其實老師也是可以說出學員身上的缺點和不足的，關鍵是妳要有技巧和方法。如果妳的技巧和方法能夠讓學員接受，那妳就能較成功地幫助學員找到盲點，提升自我。而且這種技巧其實很像我之前看到的一種回饋方式，叫『三明治批評法』。這個方法也是強調管理者或者主管在指出下屬的不足前，先給予對方肯定和讚美，然後再說出具體的批評和不足，最後還要給予鼓勵和安撫。所以一個好的回饋方式思路都是比較類似的，都是以基於對學員的尊重，基於對學員感受的重視。」許靜流暢地說出了自己的觀點。

「不錯啊！沒想到你研究得還挺深入，而且還能舉一反三！」王振對許靜的求知精神非常認可，同時也很佩服她這種追求自我成長的精神。

「那都是老師您教得好啊！」許靜很世故地說道。

第八講　內訓師提問、應答與控場技巧

「上次課程我們分享了聆聽與回饋的技巧。這次我們來講一講內訓師提問、應答和控場的相關技巧。」王振開門見山提出了本次學習的課題。

「好啊，這正是我所需要的。」許靜回答道。

「那妳覺得老師在課程中提問學員這件事情重要嗎？」王振問道。

「重要啊！」許靜不假思索地回答。

「為什麼妳會覺得老師提問學員重要呢？」王振繼續追問。

「這個嘛？」許靜陷入了沉思，「因為讓學員回答問題，學員就會積極思考，一旦積極思考就不容易走神，就容易專注於當下的課程內容。同時提問也是一種與學員互動的方式，讓學員參與課程。老師提問讓學員回答，老師也可以知道學員的水準，或者知道學員對老師所講述課程的理解程度，可以根據學員的回答來判斷課程是否要往下進行、是否要調整課程難度。」許靜回答道。

「既然課程提問那麼重要，那以後妳會在課程中使用提問這種授課技巧嗎？」王振繼續問道。

「那當然會用了。」許靜回答道。

「嗯。妳有沒有發現我剛剛在和妳溝通的時候，已經運用了幾種老師提問的方式了。」王振解釋道。

「難怪你在一直問我問題，不過你的問題確實讓我在思考，同時也得到了答案。你能告訴我你都用了哪些提問的方法嗎？」許靜虛心求教。

「提問的方法總共有 5 種，我說明一下。」王振來到白板邊把 5 種提問方式寫了下來。

1.　特定式提問

2.　整體式提問

3.　開放式提問

4.　封閉式提問

5.　引導式提問

「特定式提問就是向 1 個人提問的方式，比如，我剛剛問妳的，就是特定式的提問。整體式提問就是面對小組或是班級的學員提問，是對一個群體提問的。請問我剛剛問妳問題的時候，有沒有讓妳難堪？感覺有個問題根本回答不出來？」王振問許靜。

「難堪、回答不出來倒是沒有的，只是你問了一個問題讓我要想一想而已，但我還是能自圓其說的。」許靜回答道。

「對，你說到重點了。就是老師如果問一個人問題的話，

切勿問那種有標準答案的問題，或者答案是唯一的問題，因為這會導致學員如果不知道答案的話，站起來之後沒法回答問題，杵在那邊，就很尷尬。所以你要問單個學員那種開放式的問題，那種沒有標準答案的問題。這樣學員站起來都能說兩句，都能自圓其說，就不會難堪、沒面子了。那如果你面對一個群體發問呢？你是可以問那種有標準答案的問題，或者答案是唯一的問題，因為即使有學員不知道答案，他也不會難堪、沒面子，因為可以在裡面渾水摸魚。」王振說道。

「啊呀，要做好一名老師真的是要關注細節啊。你看就一個提問都有那麼多學問呢。」許靜恍然大悟，「難怪我以前讓學員回答問題的時候他們都杵在那邊，原來是我的問題和人沒有匹配好，這下算是學到了。」

王振接著往下講：「接著就是開放式提問和封閉式提問。開放式提問是為了更多地收集訊息，了解學員對問題的理解等。比如，我剛剛問妳的問題：『為什麼妳會覺得老師提問學員是重要的呢？』這個就是開放式的提問。封閉式的提問剛好相反，只是為了讓學員做選擇或判斷，或者引導其方向來使用的。比如，我問妳：『那妳覺得老師在課程中提問學員這件事情重要嗎？』這個就是封閉式的提問方式。把這兩種提問方式交叉使用，就可以充分了解學員的資訊和狀況。最後一個是引導式的提問，顧名思義就是有點誘導的意思，讓學員跟著老師的思路走。比如，我問：『既然課程的提問那麼重

要，那以後妳會在課程中使用提問這種授課技巧嗎？』這就有點引導的意思。這就是 5 種提問的方式，很好用。」

許靜點了點頭。

「接著我們再來講一講回答的技巧。在課程中內訓師也會經常被學員提問。請問在課程中學員為什麼會提問？」王振問許靜。

「在課堂中學員提問，有可能是學員沒有理解老師講的內容，所以要提問以求老師的解答；要麼就是有些學員想透過提問來突顯自己，讓別的學員認為自己是很厲害的；還有的學員可能是透過提問來挑戰老師，故意讓老師回答不了，讓老師難堪。」許靜回答道。

「是的，老師站在臺上會碰到來自學員多方面的挑戰，那應該如何來進行問題的回答呢？我給妳幾個思路。第一個是親自回答。請問在什麼情況下，老師可以親自回答問題？」王振問許靜。

「老師要親自回答問題，說明這個問題老師應該是有把握回答的，還有可能就是這個問題是非常重要的，一定要由老師親自回答才可以，老師藉這個問題還要再著重強調一些內容點。」許靜回答道。

「還有就是學員想從老師的回答中學習新知識、新方法。」王振補充道。

「第二個應答的思路是請學員回答。請問在什麼情況下可以請學員回答？」王振繼續問許靜。

「要麼就是學員中有高手，對這個問題的認識與理解比老師還深，這時候可以請他回答一下。或者就是有的學員已經顯示出非常好的積極性想來回答這個問題，那就成人之美，讓那位同學回答一下。」許靜回答道。

「還有就是老師刻意讓學員來回答問題，是讓學員參與到課程中的一種方法。」王振說道。

「第三種方式是稍後再做回答。請問什麼情況下要延遲做回答？」王振繼續發問。

「要麼就是內訓師自己也不知道答案，所以要稍後再做回答，以求贏得時間去查資料、找答案。還有就是這個問題的答案可能已經超出了這次培訓的範圍了。老師感覺沒有回答這個問題的必要。或者是這個問題的答案非常複雜，需要查詢和準備相關資料和資訊才能給予答覆，所以老師一時半刻也給不出答案，需要延遲回答。」許靜一下子給出了 3 個理由。

「妳說得很好。老師要做延遲回答，還有可能是因為這個問題的答案在後面的課程內容中會提到，所以老師就做延遲式回答。還有一些情況是這個問題是無解的，這也沒辦法回答，但是這種情況不是很多見。」王振補充道。

「我們再來回顧一下，回答問題的方式有 3 種：親自回答，請學員回答，稍後做回答。」王振做了一個小總結。

內訓師課堂控場技巧

「接著我們再來講一講內訓師的課堂控場技巧。在培訓過程中，經常會出現一些預料之外的情況，而這正是考驗一個內訓師的最佳時機。因為每一次授課都是「現場直播」，如果老師能夠妥善處理，就會為課程加分；反之，則會影響學員的課程參與，甚至影響整體培訓效果。很多時候，面對突發狀況，面對特殊情況的處理是否妥當，也是我們判斷一個老師是否是資深內訓師的一個標準。我這邊羅列了一些內訓師控場的典型場景，妳可以看一下。」王振說完，遞給許靜一份紙本文件。

內訓師課堂控場技巧

典型場景	應對策略
講錯	內訓師不是講課的機器，難免在課堂上會有講錯的時候，講錯的時候內訓師千萬不要著急，要保持冷靜。 講錯了有兩種解決的方法 因為學員不清楚老師接下來要講什麼內容，所以老師是否講錯學員也無從得知。很多時候老師的講錯無非是本來應該講 123 這個順序的，卻講成了這個順序。如果是這個錯誤則無關緊要，老師甚至都不需要告訴學員這裡講錯了，只要在後面把錯誤補回來，自圓其說就可以了。 還有一種情況是這個錯誤是很嚴重的，是致命性的。這種情況下，老師如果講錯的話是要及時更正的，要勇於承認自己的錯誤，因為一旦犯錯學員的損失是很大的。 比如，某廠引進一臺新機器，內訓師在培訓學員操作使用這台機器。機器上有一個紅色的按鈕，按下之後會讓機器加速運轉，但是老師卻說成了是停止按鈕。這種情況下，學員如果按照停止按鈕去操作，很容易發生事故。 所以對於重大性、原則性的錯誤要及時承認並更正。
遺忘內容	老師需要準備的課程資訊量是很大的，所以很多時候在課堂上會突然短路，記不起一些內容，這時千萬不要著急，更不要露怯。因為很多時候只要你沉著冷靜，學員也是不易發現的。 記不起後面要講的內容，可以為學員安排一個討論的環節，然後趁這幾分鐘趕緊去翻看自己的筆記，回憶待會要講的內容。 先講後面的內容，講著講著可能回憶起前面的內容。 有些內容，如果學員也知道的話，可以讓學員幫你說出。

典型場景	應對策略
學員恍神	學員恍神可能說明老師的課堂沒有吸引他們，所以老師要運用一些方法使學員的注意力能夠重回課堂。 如果老師看到大部分學員都恍神了，老師可能需要調整授課的內容，馬上插入一些互動、討論或遊戲，或給學員一些不一樣的刺激。 老師也可以請每組的小組長作為你的內應，幫助你去管理每個小組，看到學員恍神，可以請小組長幫你去促使學員的注意力回到課堂。
學員交頭接耳	有的學員會以為老師講的內容自己都清楚了，自己懂的東西比老師多。所以經常是上面老師講解，下面在竊竊私語，這樣的事情發生也是會影響老師授課的。 當老師發現下面的學員在竊竊私語，交頭接耳的時候，很多老師會選擇更大的音量，企圖蓋過下面學員的聲音，但這很多時候是徒勞的。因為你的聲音大，下面的聲音會更大。這時候很簡單，老師只要沉默地看著大家，不到 10 秒鐘，整個教室都安靜了。因為教室突然安靜下來，學員的壓力比老師的壓力大多了。 如果經常是那一些人在交頭接耳，老師可以試著在課程中場休息的時候，去了解他們交頭接耳的原因，展現理解，並希望他們也能遵守課堂紀律。 老師也可以邊講課，邊慢慢走到講話的學員旁邊，站一會，再來回走動，也可以很好地控制學員的交頭接耳。

典型場景	應對策略
學員睡覺	學員睡覺可能因為前天晚上比較晚睡，缺少睡眠，或者就是老師的課程太枯燥，把學員催眠了。 老師可以組織遊戲、活動，如鼓掌、相互握手等，這時候能把睡覺的學員吵醒。 老師也可以走到睡覺學員的旁邊講課，這時候一般旁邊的學員都會把這位學員喊醒。 老師也可以讓組長幫助管理本組，把睡覺的學員喊醒。 老師可以突然增大講課的音量，把睡覺的學員振醒。
發言沒完沒了	有的時候某些學員對這個問題特別有感觸，有研究，有發言權，於是會拿著麥克風喋喋不休，旁徵博引，發言沒完沒了。其他同學已經明顯感到厭惡了，他還講得不亦樂乎。 老師可以做時間的提醒。比如，說「同學，你的發言很精彩，只是課程時間有限，再給你 30 秒時間，簡單結尾，好嗎？」 可以發動群眾的力量。一看這個學員開始滔滔不絕了，就問全班同學：「這位同學答得好嗎？大家說好。好，我們給他掌聲鼓勵一下。來，下一位同學誰要回答一下？」這時候就去找下一位同學回答問題了。 如果發現這個班上專家特別多，建議不要輕易交出麥克風，交出去容易收回來難，誰有麥克風，誰就有發言權。

典型場景	應對策略
課堂局面混亂	課堂鬧哄哄的，沒有按照老師既定的程序走。這有可能是老師的原因，也有可能是學員的原因。 老師在課程設計的時候，就要對課程的大致走向心裡有數，大概會遇到什麼挑戰和困難也要心知肚明，才能減少課程中的混亂。 有時候小組討論的時候，各種不同性格的學員之間也會產生分歧和對抗。比如，兩個學員都很強勢，都想在小組內發揮主導作用，就會導致課堂局面混亂，所以老師在學員分組的時候也要注意這個問題。 有的時候老師葉會和學員產生爭論。這其實對老師是不利的，因為學員一般都會一致對外，而且會影響老師的形象。

典型場景	應對策略
學員爭辯、挑釁	有時候課上一些學員專門挑釁老師，在課堂上蠻不講理，死纏亂打，非要老師出點洋相不肯罷休的，對於這樣的學員，老師要住自己，沉著冷靜應對，也能大事化小，小事化無。 可以安排一個職務給經常挑釁、爭辯的學員，用大帽子把他框住，他可能就會乖一點了 可以在課間做公關，找學員溝通，了解他對你的不滿之處，尋求其諒解，握手言和 請教室內德高望重之人，幫助你去處理這位學員，請他配合課程 挑釁、爭辯的學員無論提什麼要求，可以問問在場其他學員是否答應；如果大家都向著老師，就可以把這個壓力傳遞給這位學員，他一般都會尊重全體學員的意思，不敢公然和全體學員對抗（但這樣做的前提是你有好的群眾基礎，大家不會和你唱反調。）
學員比你高明	一位老師沒辦法做到在每個領域都是專家和權威，所以在下面學的廣大學員在某一領域都有可能比你強，比你專業。這時候怎麼辦？ 你把舞台讓給高手，讓他上來分享對這個問題的看法，他覺得受到了尊重，有了面子，所謂投之以桃報之以李，他也會積極配合你的課程 請高手幫助你去解答其他學員的提問，充分利用他的知識和技能。

「除了要應對一些典型場景的控場之外，我們還要結合學員的不同類型做不同的應對策略。學員分類有兩種：一種是

按照學員的性格分的，一種是按照學員的風格來劃分的。我給妳看一份資料。」王振又遞給許靜一份資料。上面畫了兩個表格，劃分了兩種不同學員的類型。

4 類不同性格學員的表現形式和應對策略

學員類型	表現形式	應對策略
強勢型學員	想控制一切人和事，不喜歡順從 覺得自己都是對的，喜歡左右他人意見 喜歡接受挑戰，行動力強	在課程中可以給予一些「領導」的角色 引導其參與團隊合作，和成員共享觀點，而不是一言堂 不要對自己的行為和觀點過度堅持，勇於承認錯誤
活躍型學員	課上表現活躍，積極參與課程，愛出風頭 不喜歡一成不變的課程，喜歡課程形式多樣化，多一些互動和遊戲 不願意聽他人說教 熱情和耐力不持久，興奮來的快，去得也快，容易恍神	課堂中要對這樣的學員多一些表揚和肯定 保持課堂形式的多樣化，盡量不要一成不變 使他們成為你課程的宣傳，用他們的熱情引領別的學員積極參與課程 提醒活躍型學員要注意遵守課堂規則，不要因為太興奮而破壞課堂秩序

學員類型	表現形式	應對策略
思考型學員	臉部表情比較嚴肅和沉重，不苟言笑，一直在思考問題 對課程的邏輯性和實用性有很的要求，非常理性 喜歡刨根問底，追求完美和積極，會潑冷水和質疑	較敏感，但是不輕易說出內心的感受，要鼓勵其說出 嘗試用「為什麼」來反問他，用這種形式來回應他們的問題 可以利用他們的專業來幫助解答其他學員提出的問題
配合型學員	是最好的聆聽者，遵守課堂紀律 缺少主見，做事情往往隨人流 冷靜、愛觀察、不愛出風頭，做事是慢熱型的	要給予他們恰如其分的溫暖和親近，並讓他們感受到 用溫和的方式期待他們做出改變，忌咄咄逼人，他們會不適應 可用委婉的方式邀請他們回答問題，但要注重他們當下的感受

四種風格學員的處理策略

風格	聽眾怎麼說	內訓師怎麼說
聽覺型	我聽到的沒錯吧 聽起來很振奮人心 正是我想聽的 你傳達的資訊對我而言是真的 講講這個給我聽……	運用聽覺型比喻 用「好像聽到、聽起來、聽起來像真的」這樣的詞回答 關注的是人們說的內容以及聽起來如何
視覺型	我們的看法完全一致 我不確定我明白了你的觀點 前途一片光明 好像我們還有很長的路要走	畫一幅畫或運用一種形象說明一個觀點 用「看到、看起來、發現」等詞回答 運用視覺型比喻 在故事中，描述當時環境下你看到的情形
動覺型	我覺得我們的談話有了進展 前方的道路似乎崎嶇不平 他負擔沉重 讓我們著手處理此事 我們能解決這個問題嗎	運用感覺型比喻 用感到、感覺、直覺等詞作出回答 在故事中描繪結構 讓聽眾站起來，活動一下

風格	聽眾怎麼說	內訓師怎麼說
數字型	讓我告訴你為什麼我們要談這個問題 我們有三種選擇 這是有道理的，因為…… 我們增加 10% 的投入，會使我們的回報翻倍	展示圖表 給予數字和事實 使用量化語言 按時間順序排列，按照順序和邏輯組織思想

發現許靜看得差不多了，王振繼續說話：「其實我們這兩次講的課，關鍵就是讓老師能夠更關注學員，從學員的角度去思考課程，從學員的角度去設計課程，從學員的角度去展開課程，課程內容都是為學員服務的。只有學員聽懂了，記住了，甚至能做到了，那才說明這個課程是成功的。」

「是的，任何的小細節都不能放過，老師設計課程只有圍繞學員做設計，才能讓學員在上課的時候跟著老師的思路走，就能減少控場、學員分心這樣的事項，才能在課堂上更加遊刃有餘。」許靜附和道。

第八講　內訓師提問、應答與控場技巧

第九講　表達的生動和形象化

「很多老師都是企業內部的專家，在自己的專業領域絕對是有特長的。可是很多時候這樣的老師上課，學員卻聽不懂，或者提不起興趣。妳知道是什麼原因嗎？」王振問許靜。

「我之前聽過一些公司的內部專家講課，經驗確實很豐富，但是上課全是專業術語。你說我哪做過他這個職位的事情啊？他講的一堆專業術語我當然就聽不懂了。所以我就聽得很痛苦，就希望課程能夠早點結束。」許靜說道。

「那妳覺得這樣的專家面對像妳這種『菜鳥』的時候，應該怎麼講才能吸引妳的注意力？才能讓妳聽得懂？」王振追問道。

「我覺得專家應該把專業術語或者一些難懂的理論知識用通俗易懂的方式表述給我聽，他可以舉例子、講故事、打比方、用數字⋯⋯都行，這樣就能讓我提升了。不過我到公司好像也只聽過一個專家是這麼講課的，他的內容我就能聽懂，而且聽課的學員都反映不錯。」許靜回答道。

「是的，我舉個例子給妳看。」王振開啟了一頁 PPT，上面畫了一個表格，是比爾‧蓋茲和賈伯斯兩個人演講的對比表。

賈伯斯和蓋茲演講對比表

	賈伯斯在 2007 年 Macworld 大會上的演講	蓋茲在 2007 年國際消費電子展上的演講
2007 年		
平均每句話單詞數	10.5	21.6
專業詞彙密度（%）	16.5	21
難懂的詞（%）	2.9	5.11
聽懂演講所需的受教育年數	5.5	10.7
2008 年		
平均每句話單詞數	13.79	18.23
專業詞彙密度（%）	15.76	24.52
難懂的詞（%）	3.18	5.2
聽懂演講所需的受教育年數	6.79	9.37

「你會看到無論在哪一年，賈伯斯使用的語言和術語都比蓋茲要簡單，所以他的演講更受人歡迎，傳播得也就更遠，經典的演講也就更多了。」王振用雷射筆一邊指著投影布幕，一邊做著解釋。

「再給你看一個對比。」王振把 PPT 切換到下一頁，也是蓋茲和賈伯斯的演講對比。

「從這個表格可以明顯看出，賈伯斯的演講通俗易懂，因為他運用了比喻、數字以及很多口語化的表達方式：如不可思議、超酷的、激動人心等，所以就能讓聽眾一下子就明白他在講什麼。而蓋茲的演講只是簡單地陳述事實，堆砌了一堆的專業術語，所以這樣的演講對於非專業人士來說是沒有吸引力的。」王振繼續做著解釋，「從以上兩個案例我們可以看出，內訓師在授課的時候做生動形象的表達是多麼重要！」

賈伯斯和蓋茲的演講對比表

賈伯斯在 2007 年 Macworld 大會上的演講	蓋茲在 2007 年 國際消費電子展上的演講
你們知道，正是在一年前，我站在這裡，宣布我們會轉而使用英特爾處理器。這是一次大手術，要移植一顆英特爾處理器的心臟。當時我說我們會在接下來的 12 個月內完成，結果我們只用了 7 個月就完成了，這次轉變是我見過的，行業歷史上最順利、最成功的轉變	處理器正在發揮 64 位元的記憶體能力，而我們在完成這次轉換，沒有不兼容的問題，沒有額外花費很多錢。原有的 32 位元軟體可以運行，但是如果你需要有更多的空間，它就在那裡擺著呢！

賈伯斯在 2007 年 Macworld 大會上的演講	蓋茲在 2007 年 國際消費電子展上的演講
現在我想告訴大家一些關於的事情，相當激動人心……我們每天要賣出 500 萬首歌，是不是很不可思議？那就相當於每一天的每一個小時的每一分鐘的每一秒售出 58 首歌	我們今年所歷經的過程，有 2 版，有 2,000 多萬人試用。發布候選版是我們獲得回饋的最後機會，有 500 多萬人試用。我們深入展開了許多工作，我們走進使用 的家庭中了解情況。我們在 7 個不同的國家開展了這樣的工作。我們進行不可思議的性能模擬
我們的有超酷的電視節目。事實上，我們有超過 350 種不同的電視節目，你可以從上購買。我們非常高興告訴大家，我們已經在上賣出了 5,000 萬次電視節目觀看。多麼不可思議啊！	微軟軟體有了新的用戶界面，有了一些連接 服務和 的新方法，這一用戶界面的創新力度非常大

「確實很重要，不僅僅自己要理解，要懂，還能說出來讓別人也能聽懂、聽明白，那就厲害了！」許靜附和道。

「那王經理有什麼方法可以讓內容呈現得通俗易懂？可以更好地應對各種層次的學員？」許靜追問道。

「有的。」王振說完，再次在 PPT 上給出了 4 種方法。

◆ 從抽象到具體

◆ 從述說到煽情

◆ 從直白到比喻

◆ 從單薄到厚實

「這 4 種方法的有效使用可以幫助妳的課程深入淺出，精彩紛呈。」王振解釋道，「我這裡有一份資料對這 4 種方法做出了解釋，同時也提供了一些例子。妳可以看看。」說完王振遞給許靜一份剛影印出來的資料。

1. 從抽象到具體

把抽象的理論和技巧事例化，用發生在身邊隨手可觸的事情來說理，可以讓單薄的理論變得豐滿可感，並且具有借鑑性和可操作性。

(1) 從抽象到具體的舉例：「德西效應」（Westerners effect）

當一個人進行一項愉快的活動時，提供獎勵結果給他反而會減少這項活動對他內在的吸引力。這就是所謂的「德西效應」。這樣解釋就比較抽象，難以理解，所以我們用一個故事來說明就比較容易理解。

一對老夫妻退休，在某個社群找到了一所稱心的大房子。這個房子不僅寬大敞亮，而且門口有塊很棒的大草坪。可是搬進去之後，麻煩就來了。因為這塊草坪太棒了，所以每天到下午 4 點鐘，社群的小朋友就會來這塊草坪玩耍，非常吵鬧。嚴重影響了這對老夫妻的生活。老爺爺試了很多辦法，都不管用。最後他想到了一個好辦法。他就對孩子們

說：「孩子們，我們年紀大了，非常孤獨，所以很高興你們每天下午到草坪上來玩，為我們帶來歡樂，為了表示感謝，你們當中玩得最開心的、叫得最響的孩子我將給他 10 美元做為獎勵。」

孩子們一聽高興壞了。玩得更興奮、更賣命，其中，叫得最響的孩子果真得到了老爺爺 10 美元的獎勵。

一週過去了，老爺爺站出來說話了：「孩子們，很高興你們下午來陪伴我們，但是很遺憾，我的經濟最近有點困難，實在拿不出 10 美元做獎勵，只能給 5 美元了。」

孩子們一聽就有些失落，但想想畢竟還是有錢拿的，於是還是每天都來草坪上玩，只是興致明顯沒有以前高了。

又過了一週，老爺爺再次發話了：「孩子們，真的很感謝大家的陪伴，只是我現在經濟上實在是太窘迫了，再也拿不出錢來做獎勵了，你們還是願意留下來玩的，對吧，孩子們？」

結果呢？孩子們心想：哼，不給錢憑什麼要過來陪你們啊，從此以後就再也沒有小朋友來草坪上玩耍了，老夫妻也從此過著安靜的生活。

(2) 從抽象到具體的舉例：「你是胡蘿蔔、是雞蛋、還是咖啡豆」

一個女兒對父親抱怨她的生活，抱怨事事都那麼艱難。她不知該如何應付生活，想要自暴自棄了。她已厭倦抗爭和奮鬥，好像一個問題剛解決，新的問題就又出現了。

她的父親是位廚師，他把她帶進廚房。他先往三個鍋裡倒入一些水，然後把它們放在旺火上燒。不久鍋裡的水燒開了。他往一隻鍋裡放些胡蘿蔔，第二隻鍋裡放入雞蛋，最後一隻鍋裡放入碾成粉末狀的咖啡豆。他將它們倒入開水中煮，一句話也沒有說。

　　女兒撇撇嘴，不耐煩地等待著，納悶父親在做什麼。大約 20 分鐘後，他把火關了，把胡蘿蔔撈出來放入一個碗內，把雞蛋撈出來放入另一個碗內，然後又把咖啡舀到一個杯子裡。做完這些後，他才轉過身問女兒，「親愛的，妳看見什麼了？」「胡蘿蔔、雞蛋、咖啡。」她回答。

　　他讓她靠近些並讓她用手摸摸胡蘿蔔。她摸了摸，注意到它們變軟了。父親又讓女兒拿一隻雞蛋並打破它。將殼剝掉後，他看到了是隻煮熟的雞蛋。最後，他讓她喝了咖啡。品嘗到香濃的咖啡，女兒笑了。她怯生生問到：「父親，這意味著什麼？」

　　他解釋說，這三樣東西面臨同樣的逆境——煮沸的開水，但其反應各不相同。胡蘿蔔入鍋之前是強壯的、結實的，毫不示弱，但進入開水之後，它變軟了，變弱了。雞蛋原來是易碎的，它薄薄的外殼保護著它呈液體的內臟。但是經開水一煮，它的內臟變硬了。而粉狀咖啡豆則很獨特，進入沸水之後，它們倒改變了水。「哪個是妳呢？」他問女兒，「當逆境找上門來時，妳該如何反應？妳是胡蘿蔔，是雞蛋，

還是咖啡豆？」

2. 從述說到煽情

不要只是講，要讓學員用自己的體驗參與進來，用學員可以理解的語言來進行表達，用感性的情緒語言來激發學員的感情共鳴。

(1) 從述說到煽情的舉例：「你怎麼看你自己」

她站在臺上，不時無規律地揮舞著她的雙手；仰著頭，脖子伸得好長好長，與她尖尖的下巴扯成一條直線；她的嘴張著，眼睛瞇成一條線，詭譎地看著臺下的學生；偶然她口中也會支支吾吾的，不知在說些什麼。

基本上她是一個不會說話的人，但是，她的聽力很好，只要對方猜中或說出她的意見，她就會樂得大叫一聲，伸出右手，用兩個指頭指著你，或者拍著手，歪歪斜斜地向你走來，送給你一張用她的畫製作的明信片。

她就是黃美廉，一位自小就染患腦性麻痺的病人。腦性麻痺奪去了肢體的平衡感，也奪走了她發聲講話的能力。從小她就活在諸多肢體不便及眾多異樣的眼光中，她的成長充滿了血淚。

然而她沒有讓這些外在的痛苦擊敗她內在奮鬥的精神，她昂然面對，迎向一切的不可能，終於獲得了加州大學藝術

博士學位，她用她的手當畫筆，以色彩告訴人「寰宇之力與美」，並且燦爛地「活出生命的色彩」。

全場的學生都被她不能控制自如的肢體動作震攝住了。這是一場傾倒生命、與生命相遇的演講會。

「請問黃博士」，一個學生小聲地問：「妳從小就長成這個樣子，請問妳怎麼看妳自己？妳都沒有怨恨嗎？」

許多人心頭一緊：這個學生真是太不成熟了，怎麼可以當面在大庭廣眾問這個問題，太刺人了，擔心黃美廉會受不了。

「我怎麼看自己？」美廉用粉筆在黑板上重重地寫下這幾個字。

她寫字時用力極猛，有力透紙背的氣勢，寫完這個問題，她停下筆來，歪著頭，回頭看著發問的同學，然後嫣然一笑，回過頭來，在黑板上龍飛鳳舞地寫了起來：

一、我好可愛！

二、我的腿很長很美！

三、爸爸媽媽這麼愛我！

四、上帝這麼愛我！

五、我會畫畫！我會寫稿！

六、我有隻可愛的貓！

七、⋯⋯

　　忽然，教室內鴉雀無聲，沒有人敢講話。她回過頭來定定地看著大家，再回過頭去，在黑板上寫下了她的結論：

　　「我只看我所有的，不看我所沒有的。」

　　掌聲由學生群中響起，看看美廉傾斜著身子站在臺上，滿足的笑容，從她的嘴角蕩漾開來，眼睛瞇得更小了，有一種永遠也不被擊敗的傲然，寫在她臉上。

(2)從述說到煽情的舉例：「價值 0 美元的時間」

　　一位爸爸下班回家很晚了，很累並有點煩，發現他 5 歲的兒子靠在門旁等他。

　　「爸，我可以問你一個問題嗎？」

　　「當然可以，什麼問題？」父親回答。

　　「爸，你一小時可以賺多少錢？」

　　「這與你無關，你為什麼問這個問題？」父親生氣地說著。

　　「我只是想知道，請告訴我，你一小時賺多少錢？」小孩哀求著。

　　「假如你一定要知道的話，我一小時賺 20 美元。」

　　「喔！」小孩低著頭這樣回答，「爸，可以借我 10 美元嗎？」

　　父親發怒了：「如果你問這問題只是要借錢去買毫無意義的玩具或東西的話，給我回到你的房間並上床好好想想為什

麼你會那麼自私。我每天長時間辛苦工作著，沒時間和你玩小孩子的遊戲！」小孩安靜地回自己房間並關上門。

這位父親坐下來還對小孩的問題生氣：他怎麼敢只為了錢而問這種問題？

約一小時後，他平靜下來了，開始想著他可能對孩子太凶了。

或許他應該用那 10 美元買小孩真正想要的，他不常常要錢用。父親走到小孩的房門並打開門。

「你睡了嗎，孩子？」他問。

「爸，還沒睡，我還醒著。」小孩回答。

「我想過了，我剛剛可能對你太凶了。」父親說。

「我將今天的悶氣都爆發出來了。這是你要的 10 美元。」

小孩笑著坐直了起來，「爸，謝謝你！」小孩叫著。

接著小孩從枕頭下拿出一些被弄皺了的鈔票。

父親看到小孩已經有錢了，快要再次發脾氣。

這小孩慢慢地算著錢，接著看著他的爸爸。

「為什麼你已經有錢了還需要更多？」父親生氣地說。

「因為我之前不夠，但我現在足夠了。」小孩回答。

「爸，我現在有 20 美元了，我可以向你買一個小時的時間嗎？明天請早一點回家，我想和你一起吃晚餐。」

3. 從直白到比喻

給乾巴巴的語言加上象徵性的比喻，讓僵硬的道理變得生動形象，使盲人也能感受得到你的精彩。比喻的時候要抓住特徵、貼切形象，並且準確精煉、鮮明生動、新穎獨特。

從直白到比喻的舉例：「時間和愛情的故事」

從前有一個小島，上面住著快樂、悲哀、知識和愛，還有其他各類情感。

一天，情感他們得知小島快要下沉了，於是，大家都準備船隻，離開小島。只有愛留了下來，她想要堅持到最後一刻。

過了幾天，小島真的快要下沉了，愛想請人幫忙。

這時，富裕乘著一艘大船經過。

愛說：「富裕，你能帶我走嗎？」

富裕答道：「不，我的船上有許多金銀財寶，沒有你的位置。」

愛看見虛榮在一艘華麗的小船上，說：「虛榮，幫幫我吧！」

「我幫不了妳，你全身都溼透了，會弄壞了我這漂亮的小船。」

悲哀過來了，愛向他求助：「悲哀讓我和你一起走吧！」

「哦……愛，我實在太悲哀了，想自己一個人待會兒！」悲哀答道。

快樂走過愛的身邊，但是他太快樂了，竟然沒有聽到愛在叫他！突然，一個聲音傳過來：「過來！愛，我帶你走。」

他好似一個機會。愛大喜過望，竟忘記了問他的名字。登上陸地以後，他獨自離開了。

愛對他感激不盡，問一位長者知識：「請問，幫我的那個人是誰？」

「他是時間。」知識老人答道。

「時間？」愛問道，「為什麼他要幫我？」

知識老人笑道：「因為只有時間才能理解愛有多麼偉大。」

4. 從單薄到厚實

利用排比、類比、對比、數據強化等方法，把彼此對照的概念並置一起，進行講述，由此及彼，可以讓簡單的講說變得多姿多彩，引發啟示。

(1)從單薄都厚實的舉例（排比）：「有一個夢想」

我夢想有一天，這個國家會站立起來，真正實現其信條的真諦：我們認為這些真理是不言而喻的；「人人生而平等。」

我夢想有一天，在喬治亞的紅山上，昔日奴隸的兒子將

能夠和昔日奴隸主的兒子坐在一起，共敘兄弟情誼。

我夢想有一天，甚至連密西西比州這個正義匿跡、壓迫成風、如同沙漠般的地方，也將變成自由和正義的綠洲。

我夢想有一天，我的四個孩子將在一個不是以他們的膚色，而是以他們的品格優劣來評判他們的國度裡生活。

我夢想有一天，阿拉巴馬州能夠有所轉變，儘管該州州長現在仍然滿口異議，反對聯邦法令，但有著一日，那裡的黑人男孩和女孩將能夠與白人男孩和女孩情同骨肉，攜手並進。

我夢想有一天，幽谷上升，高山下降，坎坷曲折之路成坦途，聖光披露，滿照人間。

(2)從單薄到厚實的舉例（類比）：「手中沙」

一個即將出嫁的女孩，問母親一個問題：「媽媽，婚後我該怎樣把握愛情呢？」母親聽了女兒的問話，溫情地笑了笑，然後從地上捧起一捧沙。女孩發現那捧沙子在母親的手裡，圓圓滿滿的，沒有一點流失，沒有一點撒落。

接著母親用力將雙手握緊，沙子立刻從母親的指縫間瀉落下來。待母親再把手張開時，原來那捧沙子已所剩無幾，其團團圓圓的形狀也早已被壓得扁扁的，毫無美感可言。女孩望著母親手中的沙子，領悟地點點頭。

(3)從單薄都厚實的舉例（類比）：「什麼是愛情」

有一天，柏拉圖問他的老師什麼是愛情，他的老師就叫他

先到麥田裡，摘一株麥穗，其間只能摘一次，並且只可以向前走，不能回頭。柏拉圖於是照老師說的話做，結果他兩手空空地走出麥田。老師問他為什麼摘不到，他說：「因為只能摘一次，又不能走回頭路，其間即使見到一株又大又金黃的，因為不知前面是否有更好的，所以沒有摘；走到前面時，又發覺總不及之前見到的好，原來麥田裡最大最金黃的麥穗，早就錯過了；於是，我便什麼也摘不到。」老師說：「這就是愛情！」

之後又有一天，柏拉圖問他的老師什麼是婚姻，他的老師就叫他先到樹林裡，砍下一棵全樹林裡最大、最茂盛、最適合放在家作聖誕樹的樹，其間同樣只能砍一次，同樣只可以向前走，不能回頭。柏拉圖於是照著老師說的話做。這次，他帶了一棵普通、不是很茂盛、亦不算太差的樹回來。老師問他，怎麼帶這棵普普通通的樹回來。他說：「有了上一次的經驗，當我走了大半路程還是兩手空空時，看到這棵樹也不算太差便砍下來，免得錯過了，最後又什麼也帶不回來。」老師說：「這就是婚姻！」

(4)從單薄到厚實的舉例（對比）：「松下的一次魔鬼訓練」

日本松下公司準備從新招的三名員工中選出一位做市場策劃，於是，他們例行工作前的「魔鬼訓練」，予以考核。公司將他們從東京送往廣島，讓他們在那裡生活 1 天，按最低標準給他們每人 1 天的生活費用 2,000 日元，最後看他們誰剩的錢多。

剩是不可能的，一罐烏龍茶的價格是 300 日元，一瓶可樂的價格是 200 日元，最便宜的旅館一夜就需要 2,000 日元。也就是說，他們手裡的錢僅僅夠在旅館裡住一夜，要麼就別睡覺，要麼就別吃飯，除非他們在天黑之前讓這些錢生出更多的錢。而且他們必須單獨生存，不能聯手合作，更不能打工。

第一個先生非常聰明，他用 500 元買了一副墨鏡，用剩下的錢買了一把二手吉他，來到廣島最繁華的地段 —— 新幹線售票大廳外的廣場上，演起了「盲人賣藝」，半天下來，他的大琴盒裡已經是滿滿的鈔票了。

第二個先生也非常聰明，他花 500 元做了一個大箱子，上寫：將核武器趕出地球 —— 紀念廣島災難 40 週年暨為加快廣島建設大募捐，也放在這最繁華的廣場上；然後用剩下的錢僱了兩個中學生做現場宣傳講演，還不到中午，他的大募捐箱就滿了。

第三個先生真是個沒頭腦的傢伙，或許他太累了，他做的第一件事就是找了個小餐廳，一杯清酒、一份生魚和一碗米飯，好好地吃了一頓，一下子就消費了 1,500 元，然後鑽進一輛廢棄的豐田汽車裡美美地睡了一覺。

廣島的人真不錯，兩個先生的「生意」異常紅火，一天下來，他們對自己的聰明和不菲的收入暗自竊喜。誰知，傍晚時分，厄運降臨到他們頭上，一名佩戴胸卡和臂章、腰挎手

槍的城市稽查人員出現在廣場上。他扔掉了「盲人」的墨鏡，摔碎了「盲人」的吉他，撕破了募捐人的箱子並趕走了他僱的學生，沒收了他們的「財產」，收繳了他們的身分證，還揚言要以欺詐罪起訴他們。

這下完了，別說賺錢，連老本都虧進去了。當他們想方設法借了點路費、狼狽不堪地返回松下公司時，已經比規定時間晚了一天，更讓他們臉紅的是，那個稽查人員正在公司恭候！

是的，他就是那個在飯館裡吃飯在汽車裡睡覺的第三個先生，他的投資是用 150 元做了個臂章、一枚胸卡，花 350 元從一個拾荒老人那兒買了一把舊玩具手槍和一臉化妝用的絡腮鬍子。當然，還有就是花 1,500 元吃了頓飯。

這時，松下公司國際市場行銷部課長走出來，一本正經地對站在那裡怔怔發呆的「盲人」和「募捐人」說：「企業要生存發展，要獲得豐厚的利潤，不僅僅要會吃市場，最重要的是懂得怎樣吃掉市場的人。我們所需要的主管，不僅僅是只具備策劃短期行為的能力，最重要的是要懂得用長遠的目光去規劃未來。」

說完他鄭重宣布前兩位先生被淘汰出局。

(5) 從單薄到厚實的舉例 (資料)：「下一個」

世界球王比利 (Pele) 在 20 多年的足球生涯裡，參加過 1,364 場比賽，共踢進 1,282 個球，並創造了一個隊員在一場

比賽中射進 8 個球的紀錄。他超凡的技藝不僅令萬千觀眾心醉，而且常使球場上的對手拍手稱絕。

他不僅球藝高超，而且談吐不凡。當他個人進球記錄滿 1,000 個時，有人問他：「您哪個球踢得最好？」

貝利笑了，意味深長地說：「下一個。」他的回答含蓄幽默，耐人尋味，像他的球藝一樣精彩。

(6) 從單薄到厚實的舉例（資料）：「人生的等式三角」

前兩天，一位友人問我是否聽說過「0-1 等式三角」，我說沒有。於是，他找來一張紙，寫下了這樣兩個三角形的等式方程：

0-1 等式三角

他把紙遞給我看。我只掃了一眼，就沒好氣地說：「你真是無聊，0+0 當然等於 0，你加到天黑它還是等於 0，1+1=2，這個連 3 歲的孩子都知道！」我隨手把紙條扔給了他。

他只是笑了笑，然後又把紙條遞給我，說：「你再仔細看看，別把它當成簡單的數學等式。」

　　我看了看，依舊弄不清其中有何玄機，便搖了搖頭說：「我還是不懂，你就直說吧！」

　　他又笑了笑：「其實這很簡單，我提示你一下，等號左邊的數字 0 代表空想，1 代表實做，等號右邊的數字代表你將來可能取得的成就或地位。才幾天不見，你怎麼就這麼守舊了呢？」

　　他一說完，我頓時醒悟：多好的等式三角，多麼深刻而又淺顯的寓意呀！如果你整日空想。每天都有一個遠大的目標，卻不付出行動，那你收穫的也只能是飄渺和虛無。

　　你的空想雖然無比美麗，但你的生活卻沒有色彩，你的生命更沒有光芒。

　　如果你埋頭實做，可能一開始成果基數微乎其微，但是經過不懈努力，你的最終成果是很可觀的。

　　你的生活不會枯燥乏味，你的生命之河會時不時奔騰和咆哮，多好的人生等式三角啊！

　　「如果你在的課程中能夠加入這些元素，你的課程就能通俗易懂，讓學員接受和喜歡。」王振說道。

　　「這些故事、數據、排比、對比、比喻等確實幫助很多抽象的內容變得通俗易懂，這樣的轉化是很成功的。不過如果

我猜得沒錯的話，這樣的轉化是很費時間的，需要老師去找資料，去思索應該怎麼樣把內容簡單化呈現。」許靜若有所思地說。

「是的，這個過程確實是很費時間的。所以這也是為什麼這麼多內訓師的課程枯燥無味、難以消化理解的原因所在。」王振解釋道。

「那我一定要多花點心思在上面，要讓學員聽我的課程是一種享受，而不是一種煎熬。」許靜信誓旦旦地說。

「妳只要肯花心思，是完全沒問題的。」王振抓住時機鼓勵許靜。

第十講　五星教學法：
　　　組織課程內容

「五星教學法是由戴維・梅里爾博士（David Merrill）提出的，他是當代著名教育技術與教學設計理論家、教育心理學家，也是國際教學設計領域最受人們尊敬的學者之一。他在2001 年發表了〈首要教學原理〉一文，勾勒出了五星教學原理的基本框架。他認為只有在教學中貫穿這五大原理，才能被稱為『五星級的教學』。」說著王振在白板上寫下了五星級教學的 5 個步驟。

1. 聚焦問題
2. 啟用舊知
3. 示證新知
4. 應用新知
5. 融會貫通

「五星教學是完全按照人類認知過程的幾個關鍵點進行的教學組織，把教學環節和學員的思維環節做了非常好的糅合，教學的過程就是和學員互動的過程，教學設計的核心任務是根據學員接受新事物的思維過程設計恰當的教學活動。」王振指著這五行字做解釋，「具體怎麼解釋每個步驟，我來給妳看一張圖。」王振在 PPT 開啟一張圖給許靜看。

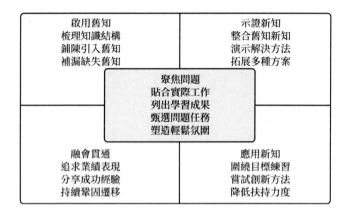

五星教學法說明

　　「結合這張圖我做個說明。首先是聚焦問題。這也是以終為始，用目標來牽引我們的學習和提升。聚焦問題下面有4個小點：貼合實際工作、列出學習成果、甄選問題任務、塑造輕鬆氛圍。貼合實際工作指的是問題要和工作相關，這樣的學習才是有效的、有針對性的。同時要列出學習成果，讓大家知道學習之後會有什麼樣的產出，這樣大家的積極性會更高漲。在一開始還要甄選問題任務，了解要解決的是什麼問題，是真問題還是偽問題？是簡單的問題還是複雜的問題？是以前解決過的？還是從來沒解決過的？等等。最後還要塑造一個輕鬆的學習氛圍，這就是第一個步驟聚焦問題。」因為這些內容相對比較專業，所以王振將故事說得慢點，讓許靜能夠跟上自己的思路，看許靜點了點頭，王振又繼續說道。

「第二步是啟用舊知。每一個聽課的學員都或多或少有自己的看法和體悟，有一些這個課題方面的經驗或教訓。所以老師要幫助學員找到這些知識，結合這些舊知能幫助他們更容易理解新的知識，同時也表明新知識的學習不是用來更替舊知識的，而是和舊知的完美融合，讓自己更上一層樓。舊知有三個部分：梳理知識結構、鋪陳引入舊知、補漏缺失舊知。在學習前老師要幫助學員去梳理知識結構，打破原有的平衡和結構，形成新的舊知體系。如果學員的知識體系裡沒有這方面的舊知儲備，那老師就要補漏這方面舊知。當做好這些基礎工作後，老師就透過引子或鋪陳把學員的舊知引導到問題的處理中來。」王振說道。

「第三步是示證新知。當你把學員的舊知都系統地還原之後，就要把新知呈現給他。有 3 點。整合舊知新知、演示解決方法、拓展多種方案。老師要引導學員把舊知和新知整合起來，為學員自己所用。這一步驟是很關鍵的，也是很難的，需要學員自己領悟或把握其中的尺度。融合好之後老師要演示如何用新知和舊知的整合來解決問題，並能腦力激盪，呈現出更多的解決方案。」

「所以按照這樣的方式，即使每個學員聽到的內容是一樣的，但是因為自己的舊知不一樣，所以每個人的感受也是完全不一樣的。」許靜說道。

「是的，這就是把舊知和新知融合的奇妙之處。」王振說。

「第四步是應用新知，老師講完了新知，也給學員做演示。這時候如果不讓學員來參與練習，學員感覺自己已經聽懂了，已經會做了，但是一回到工作職位就傻眼了，因為發現自己還只是停留在知識層面，實做還是不行。所以還是要給學員應用新知的機會。應用新知時我們要圍繞目標做練習，一定是緊貼實際工作問題，才有針對性。可以嘗試在老師的基礎上做創新，思考新的思路和方法。同時這時老師要降低扶持力度，盡量放手讓學員自己去探索，這也為未來學員的單飛做準備。」王振瞄了一眼許靜，發現她筆記記得差不多了，就又開始講解。

「最後一個步驟是融會貫通。光會做還不行，要讓它滲透到你的骨子裡，讓它成為一種習慣，能夠活學活用，舉一反三，那就算真正掌握這個技能了。一個會融會貫通的學員往往已經能夠在業績上有所表現，同時也能作為一名分享者，把自己的成功經驗和教訓與他人分享，讓別人少走彎路。這樣這些技能和知識才能得到持續鞏固並得到遷移。」王振喝了口水，潤了一下嗓子。為五星教學法做了個總結，「所以如果說聚焦問題是吸引我投入的話，那啟用舊知就是引導我入門，示證新知就是教會我理解，應用新知就是輔導我操練，最後融會貫通就是加速我去贏！」

王振看到許靜的眼神有些迷茫，可能是這些知識比較專業，對方沒聽懂。「這樣吧，我舉個例子，妳就明白了。」

五星教學法舉例

(1)聚焦問題

課程一開始，內訓師講一個「小狗與金錢的故事」給大家聽：一隻狗非常餓，想大吃一頓，這時業務員推過來一疊錢，但是這隻狗沒有任何反應。這一疊錢只是一個屬性（feature）。

狗躺在地上非常餓，如果業務員過來說：「狗先生，我這裡有一疊錢，可以買很多肉和牛奶。」買肉和牛奶是這些錢的作用（advantage）。但是狗仍然沒有反應。

狗非常餓，想大吃一頓。業務員過來說：「狗先生請看，我們這裡有一疊錢，能買很多肉和牛奶，你就可以大吃一頓了（好處、利益，即 benefit）。」話剛說完，這隻狗就飛快地撲向了這疊錢。以上三個場景就是一個完整的 FAB 順序了。

內訓師講完之後，請學員自行思考兩個問題：第一個問題是 FAB 的 3 個階段中，你平時工作比較容易忽略哪一點？第二點是學好 FAB 法則的產品介紹方法對你銷售工作的有何積極益處？思考完成後，請每位學員在小組內分享自己對兩個問題的看法，並小組派選代表到講臺進行發言。

(2)啟用舊知

小組代表輪流登臺分享自己對問題的看法，有的甚至還用例子論證自己的觀點。大家普遍認為 FAB 之前都聽說過，

但是實際用得都不怎麼好，一般只是單純向客戶介紹產品的特性和優點，並沒有和客戶的實際需求產生關聯，所以導致銷售成功率不高。還有的學員表示想去用 FAB 的，但是很多時候就是沒法把特徵轉化到對客戶的好處和利益上來，表達的大概方向有了，話到嘴邊就是不知道怎麼說出來⋯⋯

（3）示證新知

　　內訓師點評學員的觀點，對他們願意思考、勇於發表看法表示感謝和讚許。內訓師講解 FAB 的知識點。以服裝來舉例，服裝產品有幾大賣點：面料、顏色、款式、價格、搭配等。針對每一個賣點，內訓師事先設計了 FAB 的說詞，然後請學員以小組為單位，再為每個賣點設計一個 FAB 的說詞。小組為單位發表，發表完之後，內訓師讓大家學習各組優秀的經驗，再把每個賣點的 FAB 說詞進行優化和改善。內訓師給予回饋：大家剛剛都做得非常好，學習效率也很高。其實只要正確了解客戶的需求，使客戶感興趣，就能把話說到客戶心坎裡去。同時團隊討論學習，也是一種獲得資訊的好做法。

（4）應用新知

　　內訓師給予一個競賽練習環節，每個小組發一隻皮鞋，請小組成員在 10 分鐘之內，寫出盡量多的針對這隻皮鞋的 FAB 說詞，並派組長上臺代表小組發言。

(5)融會貫通

　　學員結合自己的工作實際，分享學習 FAB 工具的感受。同時內訓師帶領大家在課堂上制定課後的 FAB 訓練計畫，包含訓練時間、受訓對象、培訓內容以及責任人，週期 3 個月，並安排不定期抽查和考核。

　　「怎麼樣？聽了這個例子就明白了吧。」王振問許靜。

　　「是的，明白了。」許靜用力地點點頭。

　　「所以用這種教學方法，學員對這項技能的掌握程度也會提高，因為只有經過學員思考過、分析過、質疑過、辯駁過的內容，才算是真正學到的內容，才能是學以致用的。」王振說道。

尾聲

在結束了輔導 6 個月後的某一天，對許靜來說是很有紀念意義的一天。因為這天許靜要為 63 位新入職的大學生培訓「職業化練就好員工」這門課。

雖說培訓授課的時間只有 4 小時，但是許靜為這 4 個小時做了很多精心的準備，按她自己的說法是連逛街都在想著備課的事情。課程設計好之後，還找王振及其他幾位資深講師做試講，請他們點評建議，前前後後試講了 3 次。付出總歸是有回報的，課程經過精心準備和設計，馬上就征服了臺下的幾位資深講師，他們也為許靜的快速成長而感到高興。

下午 1 點鐘，課程準時開始了。許靜從容地走上講臺，瞄了一眼坐在教室後面的師傅王振，然後非常自信地對下面的學員說：「同學們，我問候你們說下午好。你們回答我說：好，很好，非常好，然後鼓掌 3 次，伸 V 字手說 Yeah，好嗎？」

「好！」學員大聲回答道。

「同學們下午好！」許靜大聲地問候。

「好，很好，非常好。啪啪啪。Yeah ！」學員的動作整齊劃一，聲音整齊響亮。

「我們都知道今年是歷年來大學生求職最艱難的一年，

被很多人稱為『史上最難就業季』。那為什麼在這麼競爭激烈的時刻，我們在座各位卻能夠早早地拿到 offer、進入一家不錯的公司？而為什麼很多大學生找了一個季度工作都沒有著落？我想讓你們討論一下，一個成功人士，身上都會有些什麼樣的特質和特徵？」

看到許靜在臺上自信、遊刃有餘地授課，王振非常欣慰：一方面自己的努力沒有白費，另外一方面集團每多一位這樣的優秀老師，就會讓學員對集團的培訓多一份信心。

「加油吧！許靜，妳還年輕。集團未來的精彩會是你們創造的！」王振在心裡默默地為許靜加油，打氣！

致謝

　　這幾年專注於 TTT 培訓師培訓，一直想找機會把自己的心得和體會出書。但因為各種原因，總是一拖再拖，沒能如願。

　　今年狠下心來，為自己訂了個目標，要完成這本書。於是就趁著晚上休息，平時不上課的時間，寫寫停停，停停寫寫，總算是交稿了。

　　一開始糾結於到底應該把書寫成什麼格式？是工具書形式類的？還是小說形式類的？最後決定還是寫成小說形式類的。因為現在知識爆炸，每天看網路，能看到各種資訊和資料，不是看不到，而是看不過來，因為太多了。寫成小說形式，有故事，有情節，可能會更吸引讀者閱讀和學習。沒想到自己越寫越有感覺，越寫越有思路，一發不可收拾，所以就有了現在這本書。

　　我希望你可以把這本書當小說看，也可以把它當成經驗分享的職場實用手冊來看。

　　當然，如果沒有他人的協助，我一個人也是難以完成本書的創作的。首先要感謝的是我的太太施碧玉女士，她平時工作非常忙碌，晚上一般下班很晚，為了能讓我有較多的時間創作，她承擔了照顧和教育兒子秉桓的重任。同時也要感謝劉子熙導師百忙中撥出時間為此書作序推薦、崔連斌博

致謝

士、呂佳媚女士、曹建鋒老師的傾情推薦！

　　還要感謝華師經紀公司這個大家庭，王賢福總經理領銜廣大講師經紀人對老師的推崇和包容，感謝講師經紀人們的辛勤工作，對老師無微不至的關懷。也感謝我的助理魏玉屏，他點子非常多，非常勤奮踏實，也能快速回應我的要求。還有華師的周麗，忙前忙後與出版社溝通，為這本書的出版花了很多心思，做了很多工作！這本書寫得比較倉促，如有寫得不好的地方，請大家批評指正！

樓劍

參考文獻

1. 盛群力、魏戈，《聚焦五星教學》。2015。

2. 楊序國，《HR 培訓經理：「圖說」企業人才培養體系》。
    2013。

3. [美] 卡邁恩‧加洛，《賈伯斯的魔力演講》。2011。

4. 盛曉東，趙瓊，《培訓師的工具箱》。2005。

5. 朱春雷，《學習路徑圖》。2010。

6. 田俊國，《上接策略下接績效：培訓就該這樣搞》。
    2013。

7. 田俊國，《精品課程是怎樣煉成的》。2014。

8. [美] 彼得‧邁爾斯，尚恩‧尼克斯，《高效演講：史丹
    佛最受歡迎的溝通課》。2013。

9. 姜玲。《培訓培訓師：TTT 指南》。2008。

電子書購買

爽讀 APP

國家圖書館出版品預行編目資料

養成專業培訓師，熟練掌握教學技巧與現代培訓策略：細節決定成敗，優化培訓流程，實現教學目標最大化 / 樓劍 著 . -- 第一版 . -- 臺北市 : 財經錢線文化事業有限公司 , 2024.08
面；　公分
POD 版
ISBN 978-957-680-933-0(平裝)
1.CST: 在職教育 2.CST: 教育訓練
494.386　113010668

養成專業培訓師，熟練掌握教學技巧與現代培訓策略：細節決定成敗，優化培訓流程，實現教學目標最大化

臉書

作　　　者：樓劍
發 行 人：黃振庭
出 版 者：財經錢線文化事業有限公司
發 行 者：財經錢線文化事業有限公司
E - m a i l：sonbookservice@gmail.com
粉 絲 頁：https://www.facebook.com/sonbookss/
網　　　址：https://sonbook.net/
地　　　址：台北市中正區重慶南路一段 61 號 8 樓
8F., No.61, Sec. 1, Chongqing S. Rd., Zhongzheng Dist., Taipei City 100, Taiwan
電　　　話：(02) 2370-3310　　　傳真：(02) 2388-1990
印　　　刷：京峯數位服務有限公司
律師顧問：廣華律師事務所 張珮琦律師

定　　　價：350 元
發行日期：2024 年 08 月第一版
◎本書以 POD 印製
Design Assets from Freepik.com